AF141748

Hervé Awoumlac Tsatedem

Mindestkapitalanforderung für ein Kreditportfolio im Rahmen eines stochastischen Modells mit integriertem Markt- und Kreditrisiko

Tsatedem, Hervé Awoumlac: Mindestkapitalanforderung für ein Kreditportfolio im Rahmen eines stochastischen Modells mit integriertem Markt- und Kreditrisiko. Hamburg, Bachelor + Master Publishing 2014

Originaltitel der Abschlussarbeit: Mindestkapitalanforderung für ein Kreditportfolio im Rahmen eines stochastischen Modells mit integriertem Markt- und Kreditrisiko

Buch-ISBN: 978-3-95820-252-8
PDF-eBook-ISBN: 978-3-95820-752-3
Druck/Herstellung: Bachelor + Master Publishing, Hamburg, 2014
Covermotiv: © Kobes · Fotolia.com
Zugl. Universität Duisburg-Essen, Duisburg, Deutschland, Masterarbeit, März 2013

Bibliografische Information der Deutschen Nationalbibliothek:
Die Deutsche Nationalbibliothek verzeichnet diese Publikation in der Deutschen Nationalbibliografie; detaillierte bibliografische Daten sind im Internet über http://dnb.d-nb.de abrufbar.

Das Werk einschließlich aller seiner Teile ist urheberrechtlich geschützt. Jede Verwertung außerhalb der Grenzen des Urheberrechtsgesetzes ist ohne Zustimmung des Verlages unzulässig und strafbar. Dies gilt insbesondere für Vervielfältigungen, Übersetzungen, Mikroverfilmungen und die Einspeicherung und Bearbeitung in elektronischen Systemen.

Die Wiedergabe von Gebrauchsnamen, Handelsnamen, Warenbezeichnungen usw. in diesem Werk berechtigt auch ohne besondere Kennzeichnung nicht zu der Annahme, dass solche Namen im Sinne der Warenzeichen- und Markenschutz-Gesetzgebung als frei zu betrachten wären und daher von jedermann benutzt werden dürften.

Die Informationen in diesem Werk wurden mit Sorgfalt erarbeitet. Dennoch können Fehler nicht vollständig ausgeschlossen werden und die Diplomica Verlag GmbH, die Autoren oder Übersetzer übernehmen keine juristische Verantwortung oder irgendeine Haftung für evtl. verbliebene fehlerhafte Angaben und deren Folgen.

Alle Rechte vorbehalten

© Bachelor + Master Publishing, Imprint der Diplomica Verlag GmbH
Hermannstal 119k, 22119 Hamburg
http://www.diplomica-verlag.de, Hamburg 2014
Printed in Germany

Danksagung

Ich möchte meinen Betreuer, Herrn Dr. Volker Krätschmer, hiermit herzlichen Dank für die intensive Betreuung dieser Masterarbeit ausdrücken. Er hat durch zahlreiche Ideen und Feedbacks ermöglicht, die wichtigsten Resultate dieser Arbeit sauber zu beweisen. Ich bedanke mich auch ganz herzlich bei Frau Carolin Hentschel, die mir spontan dabei geholfen, die Rechtschreibung dieser Fassung meiner Masterarbeit nachzubessern.

Inhaltsverzeichnis

1. Einleitung

Nach der Deregulierung der Finanzmärkte und den daraus resultierenden Finanzkrisen hat die Mindestkapitalanforderung durch die verschiedenen Vorschriften des Baseler Ausschusses eine noch zentralere Rolle in der Aufsicht von Banken eingenommen. Diese gesetzliche Verpflichtung für Kreditinstitute besteht darin, eine minimale Kapitalreserve gegenüber Verlusten sogenannter Finanzrisiken (Markt-, Kreditrisiko, systemisches Risiko) zu bilden. Diese Kapitalreserve hat außerdem eine Garantiefunktion oder Haftungsfunktion im Liquidationsfall. Da sich bei Banken oder Kreditinstitute die Finanzrisiken meist in den verschiedenen Portfolios verbergen, über die sie verfügen, ist dieses aufsichtsrechtliche Kapital an diesen Portfolios orientiert.

Seit Basel II besteht der Mindestkapitalbedarf für ein Kreditportfolio aus drei Komponenten: Einer Kapitalanforderung für Marktrisiken, einer Kapitalanforderung für Kreditrisiken und einer Kapitalanforderung für operationelle Risiken. Der Mindestkapitalbedarf wird generell wie folgt bestimmt:

- Zunächst werden alle Einzelrisiken für das Kreditportfolio erfasst und den drei oben genannten Finanzrisiken zugeordnet;

- Dann werden die Risiken gleicher Art in einem entsprechenden und dafür geeigneten stochastischen Modell aggregiert und bemessen;

- Anschließend werden die Risikokennzahlen aus den drei Risikoarten aggregiert, um die Mindestkapitalanforderung für das Portfolio zu berechnen.

Wenn man diese Vorgehensweise zur Bestimmung der minimalen Kapitalreserve genau unter die Lupe nimmt, kann man feststellen, dass Interaktionen oder Zusammenhänge zwischen den verschiedenen Risikoarten nicht berücksichtigt werden. Dies stellt ein Problem dar, da alle Risiken neben Portfolio-spezifischen Faktoren auch makroökonomischen Faktoren beinhalten, die sie dann miteinander binden. Somit könnten die verschiedenen Risikoarten sich gegenseitig so beeinflussen, dass die Berechnung der Mindestkapitalanforderung mit der oben dargestellten Methode fehlerhaft ausfällt. Genau solche fehlerhaften Bewertungen sowie ungenauen Risikomessungen von Finanzderivaten haben die letzte Finanzkrise ausgelöst. Stochastische Modelle, in denen man die Abhängigkeitsstruktur zwischen den verschiedenen Risikoarten untersuchen kann, können dazu beitragen, die Bestimmung des Mindestkapitalbedarfs für ein Kreditportfolio zu optimieren.

Das Ziel dieser Masterarbeit ist die Bemessung von aggregierten Markt- und Kreditrisiken für ein Kreditportfolio in einem stochastischen Modell mit integrierter Betrachtung von Markt- und Kreditrisiken. Angeregt durch den Artikel **Interaction on Market and Credit Risk: An Analysis of Inter-Risk Correlation and Risk Aggregation** [6] betrachten wir hierfür ein Kreditportfolio, das aus n Darlehen indiziert von 1 bis n besteht. Wir nehmen ferner an, dass die Anzahl der Darlehen mit der Anzahl der Kreditnehmer übereinstimmt. Für die Beschreibung von jeweils Markt- und Kreditrisiken für dieses Portfolio betrachten wir zwei verschiedenen Faktor-Modelle. Dann werden wir wie in Definition 2.6 (in [6]) die beiden Faktor-Modelle verknüpfen, um ein Faktor-Modell mit integriertem Markt- und Kreditrisiko zu erhalten. Wir betrachten dann dieses Modell als das zugrundeliegende Modell für diese Arbeit. Wir werden ferner annehmen, dass das vorgegebene Kreditportfolio homogen und perfekt diversifiziert ist. Dann werden wir mittels empirischer Methoden zuerst untersuchen, wie aggregierte Markt- und Kreditrisiken in diesem Modell verteilt sind. Anschließend werden wir diese mit dem Value at Risk als Risikomaß approximativ bemessen.

Diese Arbeit ist wie folgt aufgeteilt: In Kapitel 2 werden wir stochastische Modelle für Markt- oder Kreditrisiken darstellen, dann werden wir in Kapitel 3 die Verteilung aggregierter Markt- und Kreditrisiken untersuchen, um anschließend mit Kapitel 4 die Mindestkapitalanforderung für das für diese Arbeit vorliegende Kreditportfolio abzuschätzen.

2. Stochastische Modelle zur Betrachtung von Markt- oder Kreditrisiken

Wir wollen in diesem Kapitel den Hauptrahmen definieren, in dem eine mathematische Bewertung und Quantifizierung von aggregierten Markt- und Kreditrisiken machbar sind. Kurz gesagt werden wir hier aggregierte Markt- und Kreditrisiken modellieren. Eine Motivation hierfür ist durch den Artikel von Klaus Böcker und M. Hillebrand [6] gegeben. Daher werden wir zunächst zwei Modelle zur Betrachtung von jeweils aggregierten Marktrisiken und aggregierten Kreditrisiken separat vorstellen. Dann werden wir ein integriertes Modell zur gemeinsamen Betrachtung von aggregierten Markt- und Kreditrisiken darstellen.

2.1. Einfaktormodell für aggregierte Kreditrisiken

Um die Modellierung von Kreditrisiken verständlich machen zu können, wollen wir zuerst ihre Bedeutung für ein Kreditportfolio erläutern.

Definition 2.1 (Kreditrisiko)
Das Kreditrisiko im engeren Sinne umfasst das Ausfallrisiko (DefaultRisk), d.h. das Risiko, dass der Schuldner eines Kredits nicht in der Lage ist, seinen Zahlungsverpflichtungen (beispielsweise Zinszahlungen oder die Rückzahlung des Kreditbetrages) in vollständiger Weise nachzukommen. Das Kreditrisiko im weiteren Sinne umfasst auch das Migrationsrisiko (CreditMigration). Dieses beinhaltet das Risiko einer Bonitätsverschlechterung und damit einer Erhöhung der Ausfallwahrscheinlichkeit.

Bemerkung 2.1
Der Unterschied zwischen diesen beiden Varianten des Kreditrisikos liegt offenbar in der Behandlung der zeitlichen Aspekte. Das Ausfallrisiko zu einem bestimmten Zeitpunkt t (etwa heute) bezieht sich auf eine fixierte künftige Periode $[t,T]$ und wird für diese Periode als unveränderlich betrachtet. Das Migrationsrisiko berücksichtigt zusätzlich die Gefahr,

dass sich das Ausfallrisiko auch während der fixierten künftigen Periode verschlechtern kann, was seinen Niederschlag etwa in einer entsprechenden Ratingherabstufung findet.

Wir gehen in dieser Arbeit davon aus, dass sich der Ausfall eines Einzelkredits durch den Zustand der Bonität des Kreditnehmers bei der Fälligkeit erklären lässt. Außerdem interessieren wir uns in der Modellierung von Kreditrisiken dafür, wie hoch der Portfolioverlust ist, wenn sich die Bonität eines oder mehrerer Schuldner bei der Fälligkeit ändert. Genauer gesagt wollen wir in diesem Abschnitt den Kreditportfolioverlust durch die Bonitätsindikatoren der jeweiligen Kreditnehmer beschreiben.

Formaler Rahmen

Wir wollen hier den formalen Rahmen zur Modellierung von Kreditrisiken darstellen: Für die Darstellung der aus heutiger Sicht ($t = 0$) nicht vorhersehbaren Entwicklung des Marktgeschehens und Kreditgeschäftes betrachten wir einen Wahrscheinlichkeitsraum $(\Omega, \mathcal{A}, \mathcal{F}, \mathbb{P})$, der neben der σ-Algebra $\mathcal{A}$ mit einer Filtration $\mathcal{F} := (\mathcal{F}_t)_{t\in[0,T]}$ ausgestattet ist, welche die im Zeitablauf zunehmende Informationsmenge über den Markt reflektiert. Dabei ist [0,T] die fixierte Handelsperiode (üblicherweise ist $T = 1$ Jahr). Wir nehmen ferner an, dass alle Darlehen im Portfolio ihre Fälligkeit in dem Zeitpunkt $T > 0$ haben und ihre Ausfallwahrscheinlichkeiten bis zu diesem Zeitpunkt konstant bleiben. Zur Darstellung des potentiellen Portfolioverlustes betrachten wir bei der Fälligkeit für jeden Einzelkredit nur zwei mögliche Szenarien: Entweder wird die gesamte Kreditsumme zurückgezahlt (in diesem Fall hat der Kredit überlebt, also gibt es keinen Kreditausfall) oder nicht (d.h. nur ein Teil des Kredits wird zurückerstattet, in dem Fall spricht man von Kreditausfall). Daher führen wir die Ausfallvariable L_i für den Individualkredit i, $i \in \{1, ..., n\}$ ein, die sich durch die Zufallsvariable

$$L_i = \begin{cases} 1, & \text{falls ein Ausfall für das Darlehen } i \text{ eintritt} \\ 0, & \text{sonst} \end{cases}$$

beschreiben lässt. Wir haben schon oben erwähnt, dass sich der Kreditausfall meist durch Verschlechterung der Bonität des Kreditnehmers erklären lässt. Wir wollen nun die auf dieser Aussage basierende Modellierung der Ausfallvariable genauer erläutern. Sei A_i, $i \in \{1, ..., n\}$ die Zufallsvariable, die die Bonität des Kreditnehmers i beschreibt. Die weitere Modellvorstellung beruht auf einer Idee von Merton (siehe Merton [13]). Wir nehmen an, dass der Ausfall des Darlehens i genau dann eintritt, wenn die Bonitätsvariable A_i eine gewisse Ausfallschranke D_i unterschreitet. Das heißt,

$$Li = 1 \iff A_i < D_i. \tag{2.1}$$

Daraus ergibt sich die explizite Darstellung der Ausfallsvariablen:

$$L_i = 1_{\{A_i < D_i\}}, \ i = 1, ..., n. \tag{2.2}$$

Daher wird auch die Ausfallwahrscheinlichkeit des Darlehen i durch $p_i := \mathbb{P}(L_i = 1) = \mathbb{P}(A_i < D_i)$ definiert.

Definition 2.2 (Portfolioverlust)

Sei e_i die Ausfallhöhe der vom Kreditnehmer i zu zahlenden Darlehenssumme bei der Fälligkeit. Die Verlustvariable für das Darlehen i, bezogen auf den Fälligkeitszeitpunkt T, wird durch die Zufallsvariable X_i wie folgt definiert:

$$X_i := e_i L_i . \tag{2.3}$$

Daher definieren wir den Portfolioverlust (Gesamtverlust des Portfolios) bei der Fälligkeit durch die Zufallsvariable

$$X^{(n)} := \sum_{i=1}^{n} X_i = \sum_{i=1}^{n} e_i L_i. \tag{2.4}$$

Bemerkung 2.2

e_i ist generell eine Zufallsgröße und ist durch die Gleichung

$$e_i = EAD_i \cdot LGD_i.$$

beschreibbar. Dabei bezeichnet EAD_i (*Exposure at Default*) den für das Darlehen i ausfallbedrohten Betrag und ist meist deterministisch. Mit LGD_i (*Lost given Default*) wird die Verlustquote bei Eintritt eines Ausfalls des Darlehen i dargestellt. Diese Verlustquote ist zwar meist eine Zufallsgröße, aber wir nehmen in dieser Arbeit an, dass sie konstant und gleich 100% für alle Darlehen i, $i \in \{1, ..., n\}$ ist.

Definition 2.3 (Einfaktormodell für aggregierte Kreditrisiken)

Seien Y, ε_i, $i = 1, ..., n$ eindimensionale standardnormalverteilte Zufallsvariablen, die stochastisch unabhängig sind. Sei ferner $\rho \in [0, 1]$, dann definieren wir durch

$$A_i = \sqrt{\rho} Y + \sqrt{1 - \rho} \varepsilon_i, \ i = 1, \cdots, n \tag{2.5}$$

ein Einfaktormodell für aggregierte Kreditrisiken.

Bemerkung 2.3

1. Die Variable Y beschreibt hier den systematischen Kreditrisikofaktor, den man beispielsweise als die konjunkturelle Lage interpretieren kann, während ε_i, $i = 1, ..., n$ die kreditnehmerspezifischen (idiosynkratischen) Kreditrisikofaktoren (Gehalt, Berufstätigkeit, ...) beschreiben.

2. Die Bonitätsvariablen $A_1, ..., A_n$ sind standardnormalverteilt und korrelieren miteinander nur durch den systematischen Faktor Y; es gilt nämlich

$$
\begin{aligned}
Korr(A_i, A_j) &= Kov(A_i, A_j) \\
&= Kov(\sqrt{\rho}Y, \sqrt{\rho}Y) \\
&= \rho \ .
\end{aligned}
$$

Außerdem gilt zwischen den Ausfallschranken D_i und ihren Ausfallwahrscheinlichkeiten p_i folgende Beziehung:

$$
D_i = \Phi^{-1}(p_i), \ i = 1, ..., n, \tag{2.6}
$$

wobei Φ die Verteilungsfunktion der Standardnormalverteilung bezeichnet.

2.2. Einfaktormodell für aggregierte Marktrisiken

Für die Modellierung von Marktrisiken in einem Kreditportfolio wollen wir zunächst ihre Bedeutung erläutern.

Definition 2.4 (Marktrisiko)
Unter dem Begriff Marktrisiko eines Kreditportfolios versteht man das Risiko, dass sich der Wert von Einzelkrediten (hier als Finanzpositionen betrachtet) aufgrund der Marktpreisveränderung über eine bestimmte Zeitperiode verändert.

Als formaler Rahmen für die Darstellung des Modells betrachten wir den gleichen Wahrscheinlichkeitsraum $(\Omega, \ \mathcal{A}, \ \mathcal{F}, \ \mathbb{P})$ und die gleiche Zeitperiode $[0, T]$ wie bei der Modellierung von Kreditrisiken. Den absoluten Periodenverlust des Gesamtfinanzposition im Kreditportfolio auf Marktwertbasis werden wir durch eine Zufallsgröße Z definieren, deren Verteilung der sogenannten Gewinn/Verlust-Verteilung entspricht (wir betrachten hier als Verlust die positiven Werte von Z) und durch die Verteilung der aggregierten (Gewinn/Verlust-) Zufallsvariablen der Einzelfinanzpositionen (Darlehen) im Kreditportfolio bestimmt wird. Wir nehmen ferner an, dass Z eindimensional standardnormalverteilt ist und nur von einem systematischen Marktfaktor Y' und einem kreditportfoliospezifischen (oder idiosynkratischen) Marktfaktor η beeinflusst wird. Dabei sind Y' und η univariat standardnormalverteilt und stochastisch unabhängig.

Definition 2.5 (Einfaktormodell für aggregierte Marktrisiken)
Seien Y wie in Definition 2.3 und $\eta \sim N(0,1)$ eine standardnormalverteilte Zufallsvariable. Sind $Y, \ \eta$ stochastisch unabhängig, dann wird durch

$$
Z = -\sigma \left(\sqrt{\gamma}Y + \sqrt{1-\gamma}\eta \right) \tag{2.7}
$$

ein Einfaktormodell für aggregierte Marktrisiken (Gewinn/Verlust) definiert. Dabei sind $\gamma \in [0,1]$ und $\sigma \in \mathbb{R}$.

Bemerkung 2.4
Es gilt
$$\mathbb{V}ar(Z) = \sigma^2.$$

Außerdem heißt γ der Anteil der Varianz von Z, der sich durch den systematischen Risikofaktor Y erklären lässt.

2.3. Einfaktormodell für aggregierte Markt- und Kreditrisiken

Seien $(\Omega, \mathcal{A}, \mathcal{F}, \mathbb{P})$ der im Abschnitt 2.1 und Abschnitt 2.2 zugrundeliegende Wahrscheinlichkeitsraum und die Handelsperiode $[0,T]$. Wir betrachten ferner die in den beiden Abschnitten definierten Modelle und treffen zusätzlich die folgenden Annahmen:

Annahme 2.1
    1. Y, η, ε_i, $i = 1,...,n$ seien stochastisch unabhängig.

    2. Es gelte $\rho \in (0, \frac{2}{3})$, $\gamma \in (0,1)$.

Definition 2.6 (Einfaktormodell für aggregierte Markt- und Kreditrisiken)
Seien die Annahmen aus Annahme 2.1 erfüllt. Seien ferner $X^{(n)}$ wie in Definition 2.2 und Z wie in Definition 2.5, dann definieren wir durch den Zufallsvektor $(X^{(n)}, Z)$ ein Einfaktormodell zur integrierten Betrachtung von Markt- und Kreditrisiken.

In der Praxis sind die Kreditportfolios meist sehr "groß"(das heißt, sie bestehen aus einer großen Anzahl von Kreditderivaten). Wenn man die Struktur der Portfolioverlustvariable genauer betrachtet, kann man feststellen, dass ihre Verteilung unbekannt und nicht zu beherrschen ist, wenn n wächst. Dies führt dazu, dass man nicht in der Lage ist, den absoluten Portfolioverlust zu implementieren oder zu berechnen. Darum wird in der Praxis eher der relative Portfolioverlust abgeschätzt, dessen Anteil am Gesamtexposure (potentiell maximaler Verlust) des Portfolios prozentual ist. Der relative (prozentuale) Portfolioverlust wird dann durch die Zufallsvariable

$$L^{(n)} := \sum_{i=1}^{n} \frac{e_i}{\sum\limits_{i=1}^{n} e_i} L_i =: \frac{X^{(n)}}{\sum\limits_{i=1}^{n} e_i} \tag{2.8}$$

definiert. Dabei ist $\sum\limits_{i=1}^{n} e_i$ die Gesamtdarlehenssumme des Portfolios. Wie beim Portfolioverlust ist die tatsächliche (Gewinn/Verlust-) Verteilung nicht bekannt. Deswegen wird diese durch die Verteilung der in Abschnitt 2.2 definierten Zufallsgröße Z approximiert oder angepasst. Um die Bewertung von aggregierten Markt- und Kreditrisiken einheitlich zu machen, nehmen wir an, dass die Werte von Z prozentual an der potentiellen höchsten absoluten Portfoliowertänderung bei Fälligkeit ausgedrückt werden. Wir betrachten dann im Folgenden den Zufallsvektor $(L^{(n)}, Z)$ als das zugrunde liegende Einfaktormodell für diese Arbeit zur integrierten Betrachtung von Markt- und Kreditrisiken.

3. Asymptotische Bewertung aggregierter Markt- und Kreditrisiken für ein homogenes Kreditportfolio

Ziel dieses Kapitel ist es, die Verteilung von aggregierten Markt- und Kreditrisiken (d.h die Verteilung von $L^{(n)}+Z$) des vorgegebenen Kreditportfolios abzuschätzen. Die zentralen Fragestellungen hierfür sind:

- Wie ist der (prozentuale) Portfolioverlust $L^{(n)}$ verteilt, wenn n wächst?

- Welche Abhängigkeitsstruktur besitzen die Zufallsvariablen $L^{(n)}$ und Z?

Wir werden in den folgenden Abschnitten beide Fragen beantworten. Anschließend werden wir die Verteilung von $L^{(n)} + Z$ asymptotisch bewerten.

3.1. Das ARSF-Modell

Wir wollen in diesem Abschnitt die erste Frage, die wir am Anfang des Kapitels gestellt haben, beantworten. Wie schon erwähnt, ist die Anzahl von Darlehen in einem Kreditportfolio meist sehr groß. Darum ist es von Bedeutung, dass man die Verteilung von $L^{(n)}$ untersucht, wenn n wächst. Mit dem ARSF-Modell (*Asymptotic Single Risk Factor Model*), das von dem Baseler Ausschuss und insbesondere in [7] entworfen wurde, kann uns dies gelingen.

Im folgenden Unterabschnitt werden wir erst die Grundannahmen für ein ARSF-Modell angeben. Dann werden wir diese in das dieser Arbeit zugrundeliegende Modell integrieren.

3.1.1. Homogene und perfekt diversifizierte Kreditportfolios

Das ARSF-Modell basiert auf dem Gesetz der großen Zahlen und wird allgemein durch folgende Grundannahmen gekennzeichnet:

1. Die Portfolios sind perfekt diversifiziert. Das heißt, kein Darlehen in solchen Portfolios dominiert die übrigen bezüglich des Exposures größenordnungsmäßig.

2. Die Verlustvariablen X_i, $i = 1, \cdots, n$ der Darlehen seien durch einen einzigen systematischen Risikofaktor Y korreliert.

Nach Bemerkung 2.3,2. gilt die zweite Grundannahme schon für das zugrundeliegende Modell. Wir nehmen von nun ab an, dass das für diese Arbeit vorgegebene Kreditportfolio homogen und perfekt diversifiziert ist. Man spricht in der angelsächsischen Literatur von einem *Large Homogeneous Portfolio* (LHP). Das heißt, es gilt

$$p_i := p \quad \text{und} \quad e_i := e \qquad \forall i \in \{1, ..., n\}, \tag{3.1}$$

wobei p_i und e_i die Ausfallwahrscheinlichkeit beziehungsweise die Ausfallhöhe des Darlehen i kennzeichnen. Dies bedeutet anschaulich, dass alle Darlehen im Portfolio dieselbe Ausfallwahrscheinlichkeit und Ausfallhöhe (im Fall eines Kreditausfalls) besitzen. Daraus ergibt sich folgende Anpassung für das zugrundeliegende Modell:

$$L^{(n)} := \sum_{i=1}^{n} \frac{e_i}{\sum_{i=1}^{n} e_i} L_i = \frac{e}{ne} \sum_{i=1}^{n} L_i = \frac{1}{n} \sum_{i=1}^{n} L_i \tag{3.2}$$

und $L_i = 1_{\{A_i < D\}}$, $i \in \{1, ..., n\}$, wobei $D = \Phi^{-1}(p)$.

Um das Verhalten der Verteilung von $L^{(n)}$ besser darstellen zu können, wenn die Anzahl n der Darlehen in dem vorliegenden Kreditportfolio wächst, benötigen wir einige Konvergenzbegriffe, die wir in dem folgenden Unterabschnitt angeben werden.

3.1.2. Konvergenzbegriffe

Definition 3.1
Seien X und X_n, $n \in \mathbb{N}$, reellwertige Zufallsvariablen auf einem Wahrscheinlichkeitsraum $(\Omega, \mathcal{F}, \mathbb{P})$.

- *(**Stochastische Konvergenz**). Die Folge X_n, $n \in \mathbb{N}$ konvergiert stochastisch oder in Wahrscheinlichkeit gegen X, wenn*

$$\lim_{n \to \infty} \mathbb{P}[|X_n - X| > \epsilon] = 0, \qquad \text{für alle } \epsilon > 0$$

  gilt. Man schreibt dann auch $X_n \xrightarrow{\mathbb{P}} X$.

- *(**Fast-sichere Konvergenz**). X_n, $n \in \mathbb{N}$ konvergiert fast sicher (f.s) gegen X, wenn*

$$\mathbb{P}\left[\left\{\omega \in \Omega : \lim_{n \to \infty} X_n(\omega) = X(\omega)\right\}\right] = 1$$

  gilt. Man schreibt auch $X_n \to X$ f.s, oder $X_n \to X$ $(\mathbb{P})$.

- *(**Konvergenz in Verteilung**). Für $n \in \mathbb{N}$ sei X_n eine reellwertige Zufallsvariable auf einem Wahrscheinlichkeitsraum $(\Omega_n, \mathcal{F}_n, \mathbb{P}_n)$. Die Folge X_n, $n \in \mathbb{N}$ konvergiert in Verteilung gegen X, wenn*

$$\lim_{n \to \infty} F_{X_n}(x) = F_X(x), \text{ für alle Stetigkeitspunkte } x \in \mathbb{R} \text{ von } F_x$$

  gilt. Man schreibt $X_n \xrightarrow{d} X$.

Bezüglich des Zusammenhangs der verschiedenen Konvergenzbegriffe gilt folgende Aussage:

Satz 3.1
Seien X, X_n, $n \in \mathbb{N}$, reelle Zufallsvariablen auf einem Wahrscheinlichkeitsraum $(\Omega, \mathcal{F}, \mathbb{P})$, dann gilt

1. *Für die fast-sichere Konvergenz von X_n gegen X ist die Bedingung*

$$\lim_{n \to \infty} \mathbb{P}\left(\sup_{m \geq n} |X_m - X| > \epsilon\right) = 0 \qquad \forall \epsilon > 0.$$

   notwendig und hinreichend.

2. *Konvergiert die Folge $(X_n)_{n \in \mathbb{N}}$ stochastisch gegen X so gilt: $X_n \xrightarrow{d} X$.*

Beweis *Zu 1. siehe 20.6 Lemma in [4] und zu 2. siehe 17.1.7 Satz in [14].*

Im folgenden Abschnitt wollen wir die Verteilung des relativen Kreditportfolioverlusts asymptotisch (wenn n wächst) bewerten.

3.1.3. Portfolioverlustsverteilung

Definition 3.2 (Bernoulli Mischungsmodell)
Seien m, $p \in \mathbb{N}$ mit $p < m$ und $\Psi = (\Psi_1, ..., \Psi_p)'$ ein p-dimensionaler Zufallsvektor; ein Bernoulli-Mischungsmodell ("Bernoulli mixture model" in angelsächsischer Literatur) wird durch den Zufallsvektor $Y = (Y_1, ..., Y_2)'$ bezüglich Ψ definiert, wenn für alle $\psi \in \mathbb{R}^p$ gilt:

1. *Es existieren Funktionen $\bar{p}_i : \mathbb{R}^p \longrightarrow [0,1]$, $1 \leq i \leq n$, mit*

$$\mathbb{P}(Y_i = 1 \mid \Psi = \psi) = \bar{p}_i(\psi) \text{ und } \mathbb{P}(Y_i = 0 \mid \Psi = \psi) = 1 - \bar{p}_i(\psi). \tag{3.3}$$

2.

$$\mathbb{P}(Y_1 = \alpha_1, \cdots, Y_n = \alpha_n \mid \Psi = \psi) = \mathbb{P}(Y_1 = \alpha_1 \mid \Psi = \psi) \times \cdots \times \mathbb{P}(Y_n = \alpha_n \mid \Psi = \psi), \tag{3.4}$$

   wobei $\alpha_i \in \{0, 1\}$, $i = 1, \cdots, n$.

Lemma 3.1

Seien L_i, $i = 1, ..., n$ die in unserem Modell definierten Kreditausfallsvariablen. Sei ferner Y der systematische Marktfaktor. Dann wird durch $(L_i)_{1 \leq i \leq n}$ bezüglich Y ein Bernoulli Mischungsmodell definiert. Es gilt

$$\mathbb{P}(L_i = 1 \mid Y = y) = \Phi\left(\frac{\Phi^{-1}(p) - \sqrt{\rho}y}{\sqrt{1-\rho}}\right), \ i \in \{1, ..., n\}, \ \text{für alle } y \in \mathbb{R}. \tag{3.5}$$

Dabei ist Φ die Verteilungsfunktion der Standardnormalverteilung.

Beweis   *Seien $y \in \mathbb{R}$ und $\mathbb{P}_y(.)$ das bedingte Wahrscheinlichkeitsmaß gegeben $\{Y = y\}$ (d.h. $\mathbb{P}_y(.) := \mathbb{P}(. \mid Y = y)$). Wir wollen zunächst die Funktionen $\bar{p}_i, i = 1, \cdots, n$ finden, so dass*

$$\mathbb{P}_y(L_i = 1) = \bar{p}_i(y) \quad \text{und} \quad \mathbb{P}_y(L_i = 0) = 1 - \bar{p}_i(y), \ i = 1, \cdots, n.$$

Dazu seien $\alpha \in \{0, 1\}$ und $\beta := (-1)^{1-\alpha}$, es gilt

$$\begin{aligned}
&\mathbb{P}_y(L_i = \alpha) \\
&= \mathbb{P}_y(\beta A_i \leq \beta \Phi^{-1}(p)) \ (A_i \text{ ist stetig verteilt}) \\
&= F_{(\beta A_i | Y)}(\beta \Phi^{-1}(p) \mid y) \\
&= \int_{-\infty}^{\beta \Phi^{-1}(p)} \frac{f_{(\beta A_i, Y)}(x, y)}{f_Y(y)} dx \\
&= \frac{1}{f_Y(y)} \int_{-\infty}^{\beta \Phi^{-1}(p)} \frac{1}{\sqrt{1-\rho}} f_{(\beta \varepsilon_i, Y)}\left(\frac{x - \beta\sqrt{\rho}y}{\sqrt{1-\rho}}, y\right) dx \\
&\overset{\beta \varepsilon_i \perp Y}{=} \int_{-\infty}^{\beta \Phi^{-1}(p)} \frac{f_Y(y)}{f_Y(y)} \left(\frac{1}{\sqrt{1-\rho}} f_{\beta \varepsilon_i}\left(\frac{x - \beta\sqrt{\rho}y}{\sqrt{1-\rho}}\right)\right) dx \\
&= \int_{-\infty}^{\beta \Phi^{-1}(p)} \frac{1}{\sqrt{1-\rho}} f_{\beta \varepsilon_i}\left(\frac{x - \beta\sqrt{\rho}y}{\sqrt{1-\rho}}\right) \\
&\overset{\text{Tsansformationssatz}}{=} \int_{-\infty}^{\beta\left(\frac{\Phi^{-1}(p) - \sqrt{\rho}y}{\sqrt{1-\rho}}\right)} f_{(\beta \varepsilon_i)}(x) dx \\
&\overset{\beta \varepsilon_i \sim N(0,1)}{=} \Phi\left((-1)^{1-\alpha}\left(\frac{\Phi^{-1}(p) - \sqrt{\rho}y}{\sqrt{1-\rho}}\right)\right).
\end{aligned} \tag{3.6}$$

Wegen

$$1 - \Phi(x) = \Phi(-x) \qquad \forall x \in \mathbb{R},$$

setze $\bar{p}_i := \bar{p}, i = 1, \cdots, n$, wobei $\bar{p}$ durch

$$\bar{p} : \mathbb{R} \to (0, 1), \qquad y \mapsto \bar{p}(y) := \Phi\left(\frac{\Phi^{-1}(p) - \sqrt{\rho}y}{\sqrt{1-\rho}}\right) \tag{3.7}$$

definiert ist.

Für den Nachweis der stochastischen Unabhängigkeit der L_i, $i = 1, ..., n$ gegeben $\{Y = y\}$, seien $\alpha_1, ..., \alpha_n \in \{0, 1\}$. Wir setzen hier $\beta_i := (-1)^{1-\alpha_i}$ und $D_i = \beta_i \Phi^{-1}(p)$, $i = 1, ..., n$. Es gilt

$$
\begin{aligned}
&\mathbb{P}_y\left(L_1 = \alpha_1, ..., L_n = \alpha_n\right) \\
&= \mathbb{P}_y\left(\beta_1 A_1 \leq D_1, ..., \beta_n A_n \leq D_n\right) \\
&= F_{(\beta_1 A_1, ..., \beta_n A_n)|Y}\left(D_1, ..., D_n \mid y\right) \\
&= \int_{-\infty}^{D_1} ... \int_{-\infty}^{D_n} \frac{f_{(\beta_1 A_1, ..., \beta_n A_n, Y)}\left(x_1, ..., x_n, y\right)}{f_Y(y)} dx_1 ... dx_n \\
&= \int_{-\infty}^{D_1} ... \int_{-\infty}^{D_n} \frac{f_{(\beta_1 \varepsilon_1, ..., \beta_n \varepsilon_n, Y)}\left(\frac{x_1 - \beta_1\sqrt{\rho}y}{\sqrt{1-\rho}}, ..., \frac{x_n - \beta_n\sqrt{\rho}y}{\sqrt{1-\rho}}, y\right)}{(1-\rho)^{\frac{n}{2}} f_Y(y)} dx_1 ... dx_n \\
&= \int_{-\infty}^{D_1} \frac{f_{\beta_1\varepsilon_1}\left(\frac{x_1 - \beta_1\sqrt{\rho}y}{\sqrt{1-\rho}}\right)}{\sqrt{1-\rho}} dx_1 \times ... \times \int_{-\infty}^{D_n} \frac{f_{\beta_n\varepsilon_n}\left(\frac{x_n - \beta_n\sqrt{\rho}y}{\sqrt{1-\rho}}\right)}{\sqrt{1-\rho}} dx_n \quad (Annahme \ 2.1,1.) \\
&= \int_{-\infty}^{\beta_1\left(\frac{\Phi^{-1}(p) - \sqrt{\rho}y}{\sqrt{1-\rho}}\right)} f_{\beta_1\varepsilon_1}(x_1) dx_1 \times ... \times \int_{-\infty}^{\beta_1\left(\frac{\Phi^{-1}(p) - \sqrt{\rho}y}{\sqrt{1-\rho}}\right)} f_{\beta_1\varepsilon_n}(x_n) dx_n \\
&= \Phi\left((-1)^{1-\alpha_1}\left(\frac{\Phi^{-1}(p) - \sqrt{\rho}y}{\sqrt{1-\rho}}\right)\right) \times ... \times \Phi\left((-1)^{1-\alpha_n}\left(\frac{\Phi^{-1}(p) - \sqrt{\rho}y}{\sqrt{1-\rho}}\right)\right) \\
&= \mathbb{P}_y(L_1 = \alpha_1) \times ... \times \mathbb{P}_y(L_n = \alpha_n) \qquad \square
\end{aligned}
\tag{3.8}
$$

Satz 3.2
Sei $\bar{p}$ eine numerische messbare Funktion, die durch

$$
\bar{p} : \mathbb{R} \to (0, 1), \qquad y \mapsto \bar{p}(y) := \Phi\left(\frac{\Phi^{-1}(p) - \sqrt{\rho}y}{\sqrt{1-\rho}}\right)
$$

definiert wird. Sei ferner Y der systematische Risikofaktor, dann gilt für die Ausfallsvariablen L_i, $i = 1, \cdots, n$:

$$
\mathbb{E}[L_i^m \mid Y] = \mathbb{E}[L_i \mid Y] := \mathbb{E}[L_1 \mid Y] = \bar{p}(Y), \ i \in \{1, \cdots, n\} \text{ und } m \in \mathbb{N}. \tag{3.9}
$$

Beweis Seien $m \in \mathbb{N}$, $i \in \{1, \cdots, n\}$. Nach dem Faktorisierungslemma (siehe Korollar 1.97 in [9]) existiert eine messbare Funktion $g_m : \mathbb{R} \longrightarrow \mathbb{R}$, so dass

$$
\mathbb{E}[L_i^m \mid Y] = g_m(Y) \tag{3.10}
$$

mit

$$
\mathbb{E}[L_i^m \mid Y = y] := g_m(y), \ y \in \mathbb{R} \tag{3.11}
$$

gilt. Daraus ergibt sich:

$$
\begin{aligned}
g_m(y) =: \mathbb{E}[L_i^m \mid Y = y] &= \mathbb{P}(L_i^m = 1 \mid Y = y) \\
&= \mathbb{P}(L_i = 1 \mid Y = y) \\
&\overset{Lemma\,3.1}{=} \bar{p}(y) \\
&\overset{Lemma\,3.1}{=} \mathbb{P}(L_1 = 1 \mid Y = y) = \mathbb{E}\left[L_1 \mid Y = y\right] \qquad \square
\end{aligned}
\tag{3.12}
$$

Korollar 3.1

Sei $\bar{p}$ die numerische messbare Funktion wie in Satz 3.2, dann gelten für die relative Portfolioverlustvariable $L^{(n)}$ folgende Aussagen :

1.

$$
\mathbb{E}[L^{(n)} \mid Y] = \bar{p}(Y) \qquad \forall n \in \mathbb{N}.
\tag{3.13}
$$

2.

$$
\mathbb{V}ar[L^{(n)} \mid Y] = \frac{1}{n}\,\bar{p}(Y)\,(1 - \bar{p}(Y)) \qquad \forall n \in \mathbb{N}.
\tag{3.14}
$$

Beweis

- *zu 1*

$$
\begin{aligned}
\mathbb{E}[L^{(n)} \mid Y] &= \mathbb{E}\left[\frac{1}{n}\sum_{i=1}^{n} L_i \mid Y\right] \\
&= \frac{1}{n}\sum_{i=1}^{n}\mathbb{E}[L_i \mid Y] \\
&\overset{Satz\,3.2}{=} \frac{1}{n}\sum_{i=1}^{n}\bar{p}(Y) \\
&= \bar{p}(Y) \qquad \square
\end{aligned}
\tag{3.15}
$$

- *zu 2*

$$\mathbb{V}ar\left[L^{(n)} \mid Y\right] = \mathbb{E}\left[\left(L^{(n)}\right)^2 \mid Y\right] - \mathbb{E}\left[L^{(n)} \mid Y\right]^2$$

$$= \mathbb{E}\left[\frac{1}{n^2}\left(\sum_{i=1}^{n} L_i\right)^2 \mid Y\right] - (\bar{p}(Y))^2 \qquad (\text{wegen 1})$$

$$= \frac{1}{n^2}\left(\sum_{i=1}^{n}\mathbb{E}\left[L_i^2 \mid Y\right] + \sum_{\substack{i,j=1 \\ i<j}}^{n}\mathbb{E}\left[L_i L_j \mid Y\right]\right) - (\bar{p}(Y))^2$$

$$\overset{Lemma3.1+Satz3.1}{=} \frac{1}{n^2}\left(\sum_{i=1}^{n}\bar{p}(Y) + \sum_{\substack{i,j=1 \\ i<j}}^{n}\mathbb{E}[L_i \mid Y]\mathbb{E}[L_j \mid Y]\right) - (\bar{p}(Y))^2$$

$$= \frac{1}{n^2}\left(n\bar{p}(Y) + (n^2-n)(\bar{p}(Y))^2 - n^2(\bar{p}(Y))^2\right)$$

$$= \frac{1}{n^2}\left(n\bar{p}(Y) - n(\bar{p}(Y))^2\right)$$

$$= \frac{1}{n}\left(\bar{p}(Y) - (\bar{p}(Y))^2\right) \qquad \square$$

$$(3.16)$$

Lemma 3.2

Seien L_k, $k = 1, \cdots, n$ die Ausfallsvariablen und Y der systematische Risikofaktor (gemeinsam für Markt- und Kreditrisiken). Sei ferner $\bar{p}$ die numerische messbare Funktion wie in Satz 3.2. Setze $T_k := L_k - \mathbb{E}[L_k \mid Y]$, $k = 1, \cdots, n$, dann gelten folgende Aussagen:

1.

$$\mathbb{E}\left[\prod_{k=1}^{n} T_k \mid Y = y\right] = \prod_{k=1}^{n}\mathbb{E}\left[T_k \mid Y = y\right] = 0 \quad \forall y \in \mathbb{R}. \qquad (3.17)$$

2.

$$\mathbb{V}ar[T_k \mid Y = y] = \bar{p}(y)(1 - \bar{p}(y)), \ k = 1, \cdots, n \quad \forall y \in \mathbb{R}. \qquad (3.18)$$

Beweis

- *zu 1, seien $k \in \{1, \cdots, n\}$ und $y \in \mathbb{R}$. Es gilt*

$$\mathbb{E}[T_k \mid Y = y] = \mathbb{E}\left[L_k - \mathbb{E}\left[L_k \mid Y\right] \mid Y = y\right]$$

$$= \mathbb{E}\left[L_k \mid Y = y\right] - \mathbb{E}\left[\mathbb{E}\left[L_k \mid Y\right] \mid Y = y\right] \qquad (3.19)$$

$$= \mathbb{E}\left[L_k \mid Y = y\right] - \mathbb{E}\left[L_k \mid Y = y\right] = 0.$$

Es gilt ferner

$$\mathbb{E}\left[\prod_{i=1}^{n} T_i \mid Y = y\right] = \mathbb{E}\left[\prod_{i=1}^{n}\left(L_i - \mathbb{E}\left[L_i \mid Y\right]\right) \mid Y = y\right]$$

$$\stackrel{Satz\ 3.2}{=} \mathbb{E}\left[\prod_{i=1}^{n}\left(L_i - \mathbb{E}\left[L_1 \mid Y\right]\right) \mid Y = y\right]. \tag{3.20}$$

Sei $k_1, \cdots, k_n \in \{0,1\})$, *nach Lemma A.1 (siehe Anhang A.2) gilt*

$$\mathbb{E}\left[\prod_{i=1}^{n}\left(L_i - \mathbb{E}\left[L_1 \mid Y\right]\right) \mid Y = y\right]$$

$$= \mathbb{E}\left[\sum_{\alpha=0}^{n}\left(\sum_{k_1+\cdots+k_n=n-\alpha} L_1^{k_1} \times \cdots \times L_n^{k_n}\left(-\mathbb{E}\left[L_1 \mid Y\right]^{\alpha}\right)\right) \mid Y = y\right]$$

$$= \sum_{\alpha=0}^{n}\sum_{k_1+\cdots+k_n=n-\alpha} \mathbb{E}\left[L_1^{k_1} \times \cdots \times L_n^{k_n}\left(-\mathbb{E}\left[L_1 \mid Y\right]\right)^{\alpha} \mid Y = y\right]$$

$$= \sum_{\alpha=0}^{n}\left(\sum_{k_1+\cdots+k_n=n-\alpha} \mathbb{P}\left(L_1^{k_1}=1, \cdots, L_n^{k_n}=1 \mid Y = y\right)\left(-\mathbb{E}[L_1 \mid Y = y]\right)^{\alpha}\right)$$

$$= \sum_{\alpha=0}^{n}\left(\sum_{k_1+\cdots+k_n=n-\alpha} \left(\prod_{i=1}^{n}\mathbb{P}\left(L_i^{k_i}=1 \mid Y = y\right)\right)\left(-\mathbb{P}(L_1=1 \mid Y=1)\right)^{\alpha}\right)$$

$$= \sum_{\alpha=0}^{n}\left(\sum_{k_1+\cdots+k_n=n-\alpha} \left(\prod_{i=1}^{n}\mathbb{P}\left(L_i=1 \mid Y = y\right)^{k_i}\right)\left(-\mathbb{P}(L_1=1 \mid Y=y)\right)^{\alpha}\right)$$

$$= \prod_{i=1}^{n}\left(\mathbb{P}\left(L_1 \mid Y = y\right) - \mathbb{P}\left(L_1 \mid Y = y\right)\right) = 0 \ (\text{wegen Lem.A.1 und Satz 3.2}).$$

$$\tag{3.21}$$

Aus (3.19) folgt dann

$$\mathbb{E}\left[\prod_{i=1}^{n} T_i \mid Y = y\right] = 0 = \prod_{i=1}^{n}\mathbb{E}\left[T_i \mid Y = y\right]. \qquad \square \tag{3.22}$$

- *zu 2, sei* $k \in \{1, \cdots, n\}$. *Es gilt*

$$\mathbb{V}ar[T_k \mid Y = y]$$
$$= \mathbb{E}\left[\left(L_k - \mathbb{E}\left[L_k \mid Y\right]\right)^2 \mid Y = y\right] \qquad (\text{wegen 1.})$$
$$= \mathbb{E}\left[L_k^2 - 2L_k\mathbb{E}\left[L_k \mid Y\right] + \mathbb{E}\left[L_k \mid Y\right]^2 \mid Y = y\right]$$
$$= \mathbb{E}\left[L_k^2 \mid Y = y\right] - 2\mathbb{E}\left[L_k\mathbb{E}\left[L_k \mid Y\right] \mid Y = y\right] + \mathbb{E}\left[\mathbb{E}\left[L_k \mid Y\right]^2 \mid Y = y\right]$$
$$= \mathbb{E}\left[L_k^2 \mid Y = y\right] - 2\mathbb{E}\left[L_k \mid Y = y\right]\mathbb{E}\left[L_k \mid Y = y\right] + \mathbb{E}\left[L_k \mid Y = y\right]^2$$
$$= \bar{p}(y) - \bar{p}(y)^2 = \bar{p}(y)\left(1 - \bar{p}(y)\right). \qquad \square$$

$$\tag{3.23}$$

Nun wird mit dem folgenden Satz das Verhalten des relativen Portfolioverlusts beschrieben, wenn die Anzahl der Darlehen im Portfolio wächst.

Satz 3.3

Seien $\bar{p}$ die in Satz 3.2 definierte numerische messbare Funktion und Y der systematische Risikofaktor. Setze $L := \bar{p}(Y)$, dann konvergiert die Folge $\left(L^{(n)}\right)_{n \in \mathbb{N}}$ der relativen Portfolioverlust-variablen fast sicher gegen die Zufallsvariable L, d.h.

$$\mathbb{P}\left[\left\{\omega \in \Omega : \lim_{n \to \infty} L^{(n)}(\omega) = L(\omega)\right\}\right] = 1$$

Beweis *Seien $y \in \mathbb{R}$ und $\mathbb{P}(. \mid Y = y)$ das bedingte Wahrscheinlichkeitsmaß gegeben $Y = y$. Nach Lemma 3.1 sind die L_k, $k = 1 \cdots, n$ und somit die T_k, $k = 1, \cdots, n$ bezüglich $\mathbb{P}(. \mid Y = y)$ stochastisch unabhängig. Wegen Lemma 3.2 (2.) gilt ferner*

$$\sum_{n=1}^{\infty} \frac{\mathbb{V}ar\left[T_n \mid Y = y\right]}{n^2} = \sum_{n=1}^{\infty} \frac{\bar{p}(y)(1 - \bar{p}(y))}{n^2} < \infty.$$

Nach dem Gesetz der Großen Zahlen (Siehe Satz A.1 im Anhang) folgt daraus:

$$\mathbb{P}\left[\lim_{n \to \infty} \sum_{k=1}^{n} \frac{T_k}{n} = 0 \mid Y = y\right] = \mathbb{P}\left[\lim_{n \to \infty}\left(L^{(n)} - \mathbb{E}\left[L^{(n)} \mid Y\right]\right) = 0 \mid Y = y\right]$$

$$\stackrel{Korollar 3.1}{=} \mathbb{P}\left[\lim_{n \to \infty}\left(L^{(n)} - L\right) = 0 \mid Y = y\right] = 1. \tag{3.24}$$

Wir setzen nun

$$A := \left\{\omega \in \Omega : \lim_{n \to \infty}\left(L^{(n)}(\omega) - L(\omega)\right) = 0\right\}.$$

Es gilt

$$\mathbb{P}(A) = \mathbb{E}[1_A] = \mathbb{E}(\mathbb{E}[1_A \mid Y])$$

$$= \int_{\mathbb{R}} \mathbb{E}[1_A \mid Y = y]\, dP_Y(y)$$

$$= \int_{-\infty}^{\infty} \mathbb{P}(A \mid Y = y)\, dP_Y(y) \tag{3.25}$$

$$= \int_{-\infty}^{\infty} \underbrace{\mathbb{P}\left[\lim_{n \to \infty}\left(L^{(n)} - L\right) = 0 \mid Y = y\right]}_{=1}\, dP_Y(y)$$

$$= 1 \qquad \qquad \Box$$

Bemerkung 3.1

Der Satz 3.3 ist so zu verstehen, dass der Portfolioverlust eines aus einer sehr großen Anzahl von Darlehen bestehenden Kreditportfolios in einem ARSF-Modell nicht von der Spezifizität des Portfolios beziehungsweise nicht von den verschiedenen idiosynkratischen

Risikofaktoren der Darlehen, sondern nur von dem systematischen Risikofaktor Y abhängt. Dies würde aus der Sicht von RisikomanagerInnen einen sehr großen Vorteil darstellen. Aber leider ist es in der Praxis nur schwer (fast unmöglich), perfekt diversifizierte Portfolios herzustellen. Dies wird nämlich durch die Granularitätanpassungsformel bestätigt, die von dem Basler Ausschuss insbesondere in [8] vorgeschlagen wurde. Außerdem konvergiert die Folge $\left(L^{(n)}\right)_{n\in\mathbb{N}}$ wegen Satz 3.1 auch in Verteilung gegen L. Daraus ergibt sich der Vorschlag für die Risikomessung, die Verteilung des Portfolioverlustes durch die Verteilung von L zu approximieren, wenn die Anzahl der Darlehen im Portfolio groß genug ist. Das folgende Lemma gibt die Verteilungsfunktion von L an.

Lemma 3.3
Die Verteilungsfunktion F_L von L wird durch

$$F_L(x) = \Phi\left(\frac{-\Phi^{-1}(p) + \sqrt{1-\rho}\,\Phi^{-1}(x)}{\sqrt{\rho}}\right) \qquad \forall x \in (0,1) \qquad (3.26)$$

gegeben. Dabei ist p die gemeinsame Ausfallwahrscheinlichkeit für die Darlehen und Φ die Verteilungsfunktion der Standardnormalverteilung.

Beweis   Sei $x \in (0,1)$, es gilt:

$$
\begin{aligned}
F_L(x) &= \mathbb{P}\left(\bar{p}(Y) \leq x\right) \\
&= \mathbb{P}\left(\Phi\left(\frac{\Phi^{-1}(p) - \sqrt{\rho}\,Y}{\sqrt{1-\rho}}\right) \leq x\right) \\
&= \mathbb{P}\left(-Y \leq \frac{-\Phi^{-1}(p) + \sqrt{1-\rho}\,\Phi^{-1}(x)}{\sqrt{\rho}}\right) \\
&\stackrel{-Y \sim N(0,1)}{=} \Phi\left(\frac{-\Phi^{-1}(p) + \sqrt{1-\rho}\,\Phi^{-1}(x)}{\sqrt{\rho}}\right) .\qquad \square
\end{aligned}
\qquad (3.27)
$$

3.2. Abhängigkeitsstruktur zwischen Markt- und Kreditrisiken in einem ARSF-Modell

Wie wir schon am Anfang des Kapitels erwähnt haben, wollen wir die Verteilung beziehungsweise die Verteilungsfunktion der aggregierten Zufallsvariable $L^{(n)} + Z$ bestimmen. Dazu benötigen wir Informationen über die Abhängigkeit zwischen den Zufallsvariablen $L^{(n)}$ und Z. Wegen der Ungewissheit über die Verteilung von $L^{(n)}$ haben wir uns für die asymptotische Methode zum Erreichen des oben genannten Zieles entschieden, indem wir das ARSF-Modell eingeführt haben. Dies ermöglicht uns, den (prozentualen) Portfolioverlust durch die Zufallsvariable L für ein homogenes und perfekt diversifiziertes Portfolio zu approximieren. Darum werden wir in diesem Abschnitt die Abhängigkeitsstruktur zwischen L und Z untersuchen.

Definition 3.3 (Gauß Copula)

Eine Abbildung $C : [0,1]^d \to [0,1]$ *heißt Gauß Copula genau dann, wenn*

1. *C ein Copula ist.*

2. *Es eine $d \times d-$ positiv definite Matrix Σ gibt, sodass*

$$C(u) = \Phi_\Sigma \left(\Phi^{-1}(u_1), \cdots, \Phi^{-1}(u_d) \right) \qquad \forall u \in [0,1]^d \qquad (3.28)$$

gilt. Dabei bezeichnen Φ die Verteilungsfunktion der Standardnormalverteilung und Φ_Σ die Verteilungsfunktion von einer $d-$dimensionalen standardisierten normalverteilten Zufallsvariable mit Kovarianzmatrix Σ (also Verteilung $N_d(0,\Sigma)$).

Bemerkung 3.2

Ist C ein Gauß Copula mit dazugehöriger positiv definiter $d \times d$-Matrix Σ, so heißt C auch Gauß-Copula mit Parametern $\Sigma = (\sigma_{i,j})_{\substack{1 \le i \le n \\ 1 \le j \le n}}$ und man schreibt auch $C := C_\Sigma^{Ga}$. Für $d = 2$ und Σ in der Form

$$\Sigma := \begin{pmatrix} 1 & \beta \\ \beta & 1 \end{pmatrix}, \qquad mit \quad |\beta| < 1$$

spricht man einfach von Gauß-Copula mit Parameter β und es gilt

$$C_\beta^{Ga}(u_1, u_2)$$

$$= \int_{-\infty}^{\Phi^{-1}(u_1)} \int_{-\infty}^{\Phi^{-1}(u_2)} \frac{1}{2\pi(1-\beta^2)^{\frac{1}{2}}} \exp\left(\frac{-(s_1^2 - 2\beta s_1 s_2 + s_2^2)}{2(1-\beta^2)} \right) ds_1 ds_2 \qquad (3.29)$$

für alle $(u_1, u_2) \in [0,1]^2$.

Satz 3.4

Sei $(Q_1, \cdots, Q_d)^T$ ein d-dimensionaler Zufallsvektor mit stetigen Randverteilungen, deren gemeinsame Verteilungsfunktion die Copula C besitzt. Seien ferner $T_1, \cdots, T_d$ streng monoton wachsende Funktionen. Dann hat die gemeinsame Verteilungsfunktion von $(T_1(Q_1), \cdots, T_d(Q_d))^T$ ebenfalls die Copula C.

Beweis *Siehe Proposition 5.6 in [12].*

Satz 3.5

Sei C die Copula zu der gemeinsamen Verteilungsfunktion von (L, Z). Dann ist C eine Gauß Copula mit Parameter $\beta := \pm\sqrt{\gamma}$ (d.h. $C := C_\beta^{Ga}$).

Beweis *Sei die numerische messbare Abbildung h^* durch*

$$h^* : \mathbb{R} \to (0,1), \qquad y \mapsto h^*(y) := \Phi\left(\frac{\Phi^{-1}(p) + \sqrt{\rho}\, y}{\sqrt{1-\rho}}\right)$$

definiert. Sei ferner $Id_{\mathbb{R}}$ die Identität auf $\mathbb{R}$, so gilt

$$(L, Z) := (h^*(-Y), Id_{\mathbb{R}}(Z)). \tag{3.30}$$

Da h^* und $Id_{\mathbb{R}}$ streng monoton wachsend sind, hat die gemeinsame Verteilungsfunktion von (L, Z) wegen Satz 3.4 die gleiche Copula wie die gemeinsame Verteilungsfunkton von $(-Y, Z)$. Es gilt ferner $(-Y, Z) \sim N_2(0, P)$, wobei P die Korrelationsmatrix von $(-Y, Z)$ ist, die durch

$$\begin{pmatrix} 1 & Korr(-Y, Z) \\ Korr(-Y, Z) & 1 \end{pmatrix}$$

gegeben wird. Wegen $Korr(-Y, Z) = \pm\sqrt{\gamma}$ folgt die Behauptung aus Bemerkung 3.2. $\square$

3.3. Aggregierte Markt- und Kreditrisikoverteilung

Wir haben bereits in den beiden letzten Abschnitten grundlegende Fragen zur asymptotischen Bewertung der Verteilung der aggregierten Markt- und Kreditrisiken beantwortet. Es geht nun in diesem Abschnitt darum, die Verteilungsfunktion von $L^{(n)} + Z$ durch die Verteilungsfunktion von $L + Z$ abzuschätzen. Durch den folgenden Satz wird erläutert, in welchem Sinn die Folge $\left(L^{(n)} + Z\right)_{n \in \mathbb{N}}$ gegen die aggregierte Zufallsvariable $L + Z$ konvergiert.

Satz 3.6
Die Folge $\left(L^{(n)} + Z\right)_{n \in \mathbb{N}}$ aggregierter Markt- und Kreditrisiken(für ein homogenes und perfekt diversifiziertes Kreditportfolio) konvergiert stochastisch gegen die aggregierte Zufallsvariable $L + Z$.

Beweis *Sei $\epsilon > 0$. Es gilt*

$$\lim_{n \to \infty} \mathbb{P}\left[\left|\left(L^{(n)} + Z\right) - (L + Z)\right| > \epsilon\right] = \lim_{n \to \infty} \mathbb{P}[\underbrace{\left|L^{(n)} - L\right| > \epsilon}_{\substack{\subseteq \\ \left\{\sup_{m \geq n}\left|L^{(m)} - L\right| > \epsilon\right\}}}]$$

$$\leq \lim_{n \to \infty} \mathbb{P}\left[\sup_{m \geq n}\left|L^{(m)} - L\right| > \epsilon\right]. \tag{3.31}$$

Da nach Satz 3.3 $L^{(n)} \to L$ f.s gilt, folgt aus Satz 3.1 (1.):

$$\lim_{n \to \infty} \mathbb{P}\left[\sup_{m \geq n} \left|L^{(m)} - L\right| > \epsilon\right] = 0. \tag{3.32}$$

Aus (3.31) und (3.32) ergibt sich dann

$$\lim_{n \to \infty} \mathbb{P}\left[\left|\left(L^{(n)} + Z\right) - (L + Z)\right| > \epsilon\right] = 0 \qquad \square$$

Korollar 3.2
Seien F_{L+Z} die Verteilungsfunktion von $L + Z$ und D die Menge aller Stetigkeitsstellen von F_{L+Z} (d.h, $D := \{t \in \mathbb{R} \mid F_{L+Z}$ stetig in $t\}$). Dann gilt für die Folge $(F_{L^{(n)}+Z})_{n \in \mathbb{N}}$ der Verteilungsfunktionen aggregierter Markt- und Kreditrisiken:

$$\lim_{n \to \infty} F_{L^{(n)}+Z}(t) = F_{L+Z}(t) \qquad \forall t \in D. \tag{3.33}$$

Beweis Die Behauptung folgt direkt aus Satz 3.1 (2.) und Definition 3.1.

Wir haben bereits bewiesen, dass die aggregierte Zufallsvariable $L + Z$ eine asymptotische Darstellung der aggregierten Markt- und Kreditrisiken für ein homogenes und perfekt diversifiziertes Kreditportfolio ist. Nun wollen wir ihre Verteilung bestimmen.

Satz 3.7
Sei h^* die numerische messbare Funktion, die durch

$$h^* : \mathbb{R} \to (0,1),$$
$$y \mapsto \Phi\left(\frac{\Phi^{-1}(p) + \sqrt{\rho}y}{\sqrt{1-\rho}}\right)$$

definiert ist. Dann wird die Verteilungsfunktion F_{L+Z} von $L + Z$ durch

$$F_{L+Z}(t)$$
$$= \frac{1}{2\pi|\sigma|\sqrt{1-\beta^2}} \int_{-\infty}^{t} \int_{-\infty}^{\infty} \exp\left\{-\frac{\sigma^2(1-\beta^2)s_1^2 + (s_2 - (\beta|\sigma|s_1 + h^*(s_1)))^2}{2\sigma^2(1-\beta^2)}\right\} ds_1 ds_2 \tag{3.34}$$

gegeben. Dabei ist β der Parameter der Gauß-Copula zur gemeinsamen Verteilungsfunktion von (L, Z).

Beweis Sei $t \in \mathbb{R}$. Wenn f_{L+Z} die Dichtfunktion von $L + Z$ bezeichnet, gilt

$$
\begin{aligned}
F_{L+Z}(t) &= \int_{-\infty}^{t} f_{L+Z}(t_2) \, dt_2 \\
&= \int_{-\infty}^{t} \left(\int_{-\infty}^{\infty} f_{(L,L+Z)}(t_1, t_2) dt_1 \right) dt_2 \\
&= \int_{-\infty}^{t} \int_{0}^{1} f_{(L,Z)}(t_1, t_2 - t_1) dt_1 dt_2 \qquad (3.35) \\
&\overset{Fubini}{=} \int_{0}^{1} \int_{-\infty}^{t} f_{(L,Z)}(t_1, t_2 - t_1) dt_2 dt_1 \\
&\overset{Substitutionsregel}{=} \int_{0}^{1} \int_{-\infty}^{t-t_1} f_{(L,Z)}(t_1, t_2) dt_2 dt_1 \qquad (*).
\end{aligned}
$$

Außerdem gilt wegen Satz 3.5

$$
\begin{aligned}
\int_{-\infty}^{t-t_1} f_{(L,Z)}(t_1, t_2) dt_2 &= \frac{\partial F_{(L,Z)}}{\partial x}(x, t - t_1)|_{x=t_1} \\
&= \frac{\partial}{\partial x}\left(C_\beta^{Ga}\left(F_L(x), F_Z(t - t_1) \right) \right)|_{x=t_1} \qquad (3.36) \\
&= F_L'(t_1) \frac{\partial C_\beta^{Ga}}{\partial U_1}\left(U_1, F_Z(t - t_1) \right)|_{U_1 = F_L(t_1)} \qquad (*,*).
\end{aligned}
$$

Wegen Bemerkung 3.2 gilt

$$
\frac{\partial C_\beta^{Ga}}{\partial U_1}(U_1, U_2) = \int_{-\infty}^{\Phi^{-1}(U_2)} \frac{(\Phi^{-1})'(U_1)}{2\pi\sqrt{1-\beta^2}} \exp\left(-\frac{(\Phi^{-1}(U_1))^2 - 2\beta\Phi^{-1}(U_1)s_2 + s_2^2}{2(1-\beta^2)} \right) ds_2.
$$

Daraus folgt

$$
\begin{aligned}
(*,*) \\
= F_L'(t_1) \int_{-\infty}^{\Phi^{-1}(F_Z(t-t_1))} \frac{(\Phi^{-1})'(F_L(t_1))}{2\pi\sqrt{1-\beta^2}} \exp\left(-\frac{(\Phi^{-1}(F_L(t_1)))^2 - 2\beta\Phi^{-1}(F_L(t_1))s_2 + s_2^2}{2(1-\beta^2)} \right) ds_2 \\
\overset{Z \sim N(0,\sigma^2)}{=} \overbrace{\frac{F_L'(t_1)(\Phi^{-1})'(F_L(t_1))}{2\pi\sqrt{1-\beta^2}}}^{=(\Phi^{-1}(F_L(t_1)))'} \int_{-\infty}^{\frac{t-t_1}{|\sigma|}} \exp\left(-\frac{(\Phi^{-1}(F_L(t_1)))^2 - 2\beta\Phi^{-1}(F_L(t_1))s_2 + s_2^2}{2(1-\beta^2)} \right) ds_2.
\end{aligned}
$$

$$
(3.37)
$$

Setze $(*, *)$ in (3.35) ein, dann ergibt sich daraus

$(*)$

$$= \int_0^1 \int_{-\infty}^{\overset{\overbrace{\frac{t-t_1}{|\sigma|}}}{}} \frac{\overset{\overbrace{> 0}}{\left(\Phi^{-1}\left(F_L(t_1)\right)\right)'}}{2\pi\sqrt{1-\beta^2}} \exp\left(-\frac{\left(\Phi^{-1}\left(F_L(t_1)\right)\right)^2 - 2\beta\Phi^{-1}\left(F_L(t_1)\right)s_2 + s_2^2}{2\left(1-\beta^2\right)}\right) ds_2 dt_1$$

mit $\phi := \Phi^{-1} \circ F_L$ und nach dem Transformationssatz ergibt sich

$$= \frac{1}{2\pi\sqrt{1-\beta^2}} \int_{\phi(0)}^{\phi(1)} \int_{-\infty}^{\overset{\overbrace{\frac{t-F_L^{-1}(\Phi(t_1))}{|\sigma|}}}{}} \exp\left(-\frac{t_1^2 - 2\beta t_1 s_2 + s_2^2}{2\left(1-\beta^2\right)}\right) ds_2 dt_1$$

$$= \frac{1}{2\pi|\sigma|\sqrt{1-\beta^2}} \int_{-\infty}^{\infty} \int_{-\infty}^{t} \exp\left(-\frac{g(t_1,s_2)}{2\sigma^2\left(1-\beta^2\right)}\right) dt_1 ds_2$$

$$\overset{Fubini}{=} \frac{1}{2\pi|\sigma|\sqrt{1-\beta^2}} \int_{-\infty}^{t} \int_{-\infty}^{\infty} \exp-\frac{g(s_1,s_2)}{2\sigma^2\left(1-\beta^2\right)} ds_1 ds_2 \qquad (*,*,*),$$

(3.38)

wobei

$$g(s_1,s_2) := \left(\sigma t_1\right)^2 - 2\beta|\sigma|t_1\left(s_2 - F_L^{-1}\left(\Phi(t_1)\right)\right) + \left(s_2 - F_L^{-1}\left(\Phi(t_1)\right)\right)^2.$$

Es gilt ferner

$$g(s_1,s_2)$$

$$= \left(\sigma s_1\right)^2 - 2\beta|\sigma|s_1\left(s_2 - F_L^{-1}\left(\Phi(s_1)\right)\right) + \left(s_2 - F_L^{-1}\left(\Phi(s_1)\right)\right)^2$$

$$= \overset{\overbrace{:=g^*(s_1)}}{\left(\left(\sigma s_1\right)^2 + 2\beta|\sigma|s_1 F_L^{-1}\left(\Phi(s_1)\right) + \left(F_L^{-1}\left(\Phi(s_1)\right)\right)^2\right)} + s_2^2 - 2s_2\left(\beta|\sigma|s_1 + F_L^{-1}\left(\Phi(s_1)\right)\right)$$

$$= g^*(s_1) + \left(s_2 - \left(\beta|\sigma|s_1 + F_L^{-1}\left(\Phi(s_1)\right)\right)\right)^2 - \left(\beta|\sigma|s_1 + F_L^{-1}\left(\Phi(s_1)\right)\right)^2$$

$$= \sigma^2\left(1-\beta^2\right)s_1^2 + \left(s_2 - \left(\beta|\sigma|s_1 + F_L^{-1}\left(\Phi(s_1)\right)\right)\right)^2 \qquad (*,*,*,*).$$

(3.39)

Wegen

$$F_L^{-1}(y) = \Phi\left(\frac{\Phi^{-1}(p) + \sqrt{\rho}\Phi^{-1}(y)}{\sqrt{1-\rho}}\right) \qquad \forall y \in (0,1),$$

(3.40)

folgt

$$(*,*,*,*) = \sigma^2\left(1-\beta^2\right)s_1^2 + \left(s_2 - \left(\beta|\sigma|s_1 + h^*(s_1)\right)\right)^2.$$

(3.41)

Setze (3.41) in (3.38) ein, ergibt sich daraus

$$(*,*,*) = \frac{1}{2\pi|\sigma|\sqrt{1-\beta^2}} \int_{-\infty}^{t} \int_{-\infty}^{\infty} \exp\left(-\frac{\sigma^2\left(1-\beta^2\right)s_1^2 + \left(s_2 - \left(\beta|\sigma|s_1 + h^*(s_1)\right)\right)^2}{2\sigma^2\left(1-\beta^2\right)}\right) ds_1 ds_2.$$

(3.42)

$\square$

Bemerkung 3.3

- Die Verteilungsfunktion von $L + Z$ ist stetig in $\mathbb{R}$ und nach Korollar (3.2) folgt daraus

$$\lim_{n \to \infty} F_{L^{(n)}+Z}(t) = F_{L+Z}(t) \quad \forall t \in \mathbb{R}.$$

- Die Dichtefunktion von $L + Z$ ist streng positiv auf ihrem Träger und ist durch

$$f_{L+Z}(t) = \frac{1}{2\pi |\sigma| \sqrt{1 - \beta^2}} \int_{-\infty}^{\infty} \exp\left(-\frac{\sigma^2 (1 - \beta^2) s_1^2 + (t - (\beta |\sigma| s_1 + h^*(s_1)))^2}{2\sigma^2 (1 - \beta^2)}\right) ds_1$$

gegeben.

Nachdem wir die Verteilungsfunktion von $L + Z$ bestimmt haben, wollen wir nun den Fehler abschätzen, der bei der Approximation der Verteilungsfunktion der aggregierten Markt- und Kreditrisiken(also von $L^{(n)} + Z$) entsteht. Das wird uns ermöglichen, das am Anfang des Kapitels genannte Ziel zu erreichen. Genauer gesagt, wollen wir Konvergenzordnungen für die Folge $(F_{L^{(n)}+Z})_{n \in \mathbb{N}}$ der Verteilungsfunktionen von $L^{(n)} + Z$, $n \in \mathbb{N}$ gegen die Verteilungsfunktion F_{L+Z} von $L + Z$ untersuchen. Hierfür betrachten wir folgenden Satz:

Satz 3.8
Seien $\tau \in (0, 1)$ und $-\infty < a < b < \infty$. Es gilt

$$\lim_{n \to \infty} \sup_{y \in [a,b]} n^\tau |F_{L^{(n)}+Z}(y) - F_{L+Z}(y)| = 0. \tag{3.43}$$

Beweis Seien $y \in [a, b]$ und $\varepsilon \in \mathbb{R}$. Ferner betrachten wir die Funktion

$$\psi_{n,\varepsilon} : \mathbb{R}^{n+2} \to \mathbb{R}$$

$$(t_1, \cdots, t_{n+2}) \mapsto \psi_{n,\varepsilon}(t_1, \cdots, t_{n+2}) := t_1 + t_2 + \varepsilon \left(\frac{1}{n} \sum_{j=3}^{n+2} 1_{(-\infty, \Phi^{-1}(p)]}(t_j) - t_1\right),$$
$$\tag{3.44}$$

wobei p die gemeinsame Ausfallwahrscheinlichkeit für die Darlehen im Portfolio und Φ die Verteilungsfunktion der Standard-Normalverteilung bezeichnen. Beachte: $\psi_{n,\varepsilon}$ ist messbar wegen

$$\psi_{n,\varepsilon} = Pr_1 + Pr_2 + \varepsilon \left(\frac{1}{n} \sum_{j=3}^{n+2} 1_{(-\infty, \Phi^{-1}(p)]} \circ Pr_j - Pr_1\right).$$

Dabei bezeichnet Pr_j die (messbare) Projektion auf die j−Komponente und ist messbar. Ebenso ist $1_{(-\infty, \Phi^{-1}(p)]}$ messbar. Setze nun $Y_{n,\varepsilon} := L + Z + \varepsilon \left(L^{(n)} - L\right)$. Seien f_n, f_n^* und $F_{Y_{n,\varepsilon}}$ die Dichtefunktionen der Zufallsvektoren $(L, Z, A_1, \cdots, A_n)$

und $(L,\ A_1,\cdots,A_n)$ beziehungsweise die Verteilungsfunktion von $Y_{n,\varepsilon}$. Es gilt wegen $Y_{n,\varepsilon} = \psi_{n,\varepsilon}(L,\ Z,\ A_1,\cdots,\ A_n)$:

$$F_{Y_{n,\varepsilon}}(y)$$

$$= \int_{\mathbb{R}} 1_{(-\infty,y]}(t)\,dP_{Y_{n,\varepsilon}}(t)$$

$$\overset{Substitutionsregel}{=} \int_{\mathbb{R}^{n+2}} 1_{(-\infty,y]}\circ\psi_{n,\varepsilon}(t_1,\cdots,t_{n+2})f_n(t_1,\cdots,t_{n+2})\,dt_1\cdots dt_{n+2} \qquad (3.45)$$

$$\overset{Fubini}{=} \int_{\mathbb{R}}\int_{\mathbb{R}}\left[\int_{\mathbb{R}^n} 1_{(-\infty,y]}\circ\psi_{n,\varepsilon}(t_1,\cdots,t_{n+2})f_n(t_1,\cdots,t_{n+2})dt_3\cdots dt_{n+2}\right]dt_2dt_1\ (*).$$

Wir setzen nun:

$$B_{k,n} := \left\{(t_1,\cdots,t_n)\in\mathbb{R}^n \mid \sum_{j=1}^{n} 1_{]-\infty,\Phi^{-1}(p)]}(t_j) = k\right\},\ k = 0,\cdots,n,$$

$$f_{n,k}(t_1,t_2) := \int_{B_{n,k}} f_n(t_1,t_2,t_3,\cdots,t_{n+2})dt_3\cdots dt_{n+2},\ k = 0,\cdots,n.$$

und

$$f_{n,k}^{*}(t_1) := \int_{B_{n,k}} f_n^{*}(t_1,t_3,\cdots,t_{n+2})dt_3\cdots dt_{n+2},\ k = 0,\cdots,n$$

für alle $t_1,\ t_2\in\mathbb{R}$. Wegen Lemma A.2 und Satz A.5 gilt

$$(*)$$

$$= \int_{\mathbb{R}}\int_{\mathbb{R}}\left[\sum_{k=0}^{n}\int_{B_{n,k}} 1_{(-\infty,y]}\left(t_1+t_2+\varepsilon\left(\frac{k}{n}-t_1\right)\right)f_n(t_1,\cdots,t_{n+2})\,dt_3\cdots dt_{n+2}\right]dt_2dt_1$$

$$= \int_{-\infty}^{\infty}\int_{-\infty}^{\infty}\sum_{k=0}^{n} 1_{(-\infty,y-t_1-\varepsilon(\frac{k}{n}-t_1)]}(t_2)\left[\int_{B_{n,k}} f_n(t_1,\cdots,t_{n+2})\,dt_3\cdots dt_{n+2}\right]dt_2dt_1$$

$$= \sum_{k=0}^{n}\int_{-\infty}^{\infty}\int_{-\infty}^{y-t_1+\left(t_1-\frac{k}{n}\right)\varepsilon} f_{n,k}(t_1,t_2)dt_2dt_1.$$

$$(3.46)$$

Wir führen nun die Funktion $h_{n,y}$ ein, die durch

$$h_{n,y}:\mathbb{R}\to(0,1),\quad \varepsilon\mapsto h_{n,y}(\varepsilon) := F_{Y_{n,\varepsilon}}(y) \qquad (3.47)$$

definiert wird. Wegen Satz A.8 ist $h_{n,y}$ in jedem Punkt $\varepsilon\in[-1,1]$ unendlich oft differenzierbar. Daraus folgt mit der Taylorentwicklung um den Entwicklungspunkt $\varepsilon = 0$:

$$h_{n,y}(1) = h_{n,y}(0) + h_{n,y}'(0) + \overbrace{\frac{h_{n,y}''(\varepsilon_n)}{2}}^{:=R_1^n(1)}, \qquad (3.48)$$

wobei $\varepsilon_n \in (0,1)$ und R_1^n das Restglied nach Lagrange bezeichnet. Beachte: Nach Definition von $h_{n,y}$ ist (3.48) zu

$$F_{L^{(n)}+Z}(y) = F_{L+Z}(y) + h'_{n,y}(0) + R_1^n(1) \tag{3.49}$$

äquivalent. Wir werden im folgenden $h'_{n,y}(0)$ und $R_1^n(1)$ abschätzen. Es gilt

1.

$$
\begin{aligned}
h'_{n,y}(0) &= \frac{\partial}{\partial \varepsilon}(F_{Y_{n,\varepsilon}}(y))|_{\varepsilon=0} \\
&= \frac{\partial}{\partial \varepsilon}\left[\sum_{k=0}^{n} \int_{-\infty}^{\infty} \int_{-\infty}^{y-t_1+\left(t_1-\frac{k}{n}\right)\varepsilon} f_{n,k}(t_1,t_2)dt_1 dt_2\right]\Bigg|_{\varepsilon=0} \\
&\overset{SatzA.8}{=} \sum_{k=0}^{n} \int_{-\infty}^{\infty}\left(t_1-\frac{k}{n}\right)f_{n,k}\left(t_1, y-t_1+\left(t_1-\frac{k}{n}\right)\varepsilon\right)dt_1|_{\varepsilon=0} \tag{3.50} \\
&= \int_{-\infty}^{\infty}\sum_{k=0}^{n}\left(t_1-\frac{k}{n}\right)f_{n,k}(t_1, y-t_1)dt_1 \\
&\overset{SatzA.6}{=} \int_{-\infty}^{\infty} f_{(L,Z)}(t_1, y-t_1)P_1(t_1)dt_1.
\end{aligned}
$$

Wegen

$$P_1(t_1) \overset{SatzA.6}{=} t_1 + n\left(\frac{-1}{n}\right)t_1^{1-1+1} = t_1 - t_1 = 0, \tag{3.51}$$

folgt

$$h'_{n,y}(0) = 0. \tag{3.52}$$

2.

$$
\begin{aligned}
h''_{n,y}(\varepsilon_n) &= \frac{\partial^2}{\partial \varepsilon^2}\left(F_{Y_{n,\varepsilon}}(y)\right)|_{\varepsilon=\varepsilon_n} \\
&= \frac{\partial^2}{\partial \varepsilon^2}\left(\sum_{k=0}^{n} \int_{-\infty}^{\infty} \int_{-\infty}^{y-t_1+\left(t_1-\frac{k}{n}\right)\varepsilon} f_{n,k}(t_1,t_2)dt_1 dt_2\right)\Bigg|_{\varepsilon=\varepsilon_n} \\
&\overset{SatzA.8}{=} \int_{-\infty}^{\infty}\sum_{k=0}^{n}\left(t_1-\frac{k}{n}\right)^2 \frac{\partial f_{n,k}}{\partial t_2}\left(t_1, y-t_1+\left(t_1-\frac{k}{n}\right)\varepsilon\right)dt_1|_{\varepsilon=\varepsilon_n} \quad (***)
\end{aligned}
$$

$$\tag{3.53}$$

Wegen

$$\frac{\partial f_{n,k}}{\partial t_2}\left(t_1, \overbrace{y - t_1 + \left(t_1 - \frac{k}{n}\right)\varepsilon}^{:=a_{k,y}(\varepsilon,t_1)}\right)$$

$$\overset{SatzA.5}{=}\begin{cases}\left(\frac{1}{|\sigma|\sqrt{1-\gamma}}\right)\frac{\partial f_\eta}{\partial t_2}\left(\frac{a_{k,y}(\varepsilon,t_1)+\sigma\sqrt{\gamma}\bar{p}^{-1}(t_1)}{-\sigma\sqrt{1-\gamma}}\right)f_{n,k}^*(t_1) & , \text{ falls } t_1 \in (0,1)\\ 0 & , \text{ sonst}\end{cases} \tag{3.54}$$

$$= \begin{cases}-\left(\frac{a_{k,y}(\varepsilon,t_1)+\sigma\sqrt{\gamma}\bar{p}^{-1}(t_1)}{\sigma^2(1-\gamma)}\right)f_{n,k}(t_1, a_{k,y}(\varepsilon,t_1)) & , \text{ falls } t_1 \in (0,1)\\ 0 & , \text{ sonst,}\end{cases}$$

folgt

$$(***) = -\int_0^1 \sum_{k=0}^n \left(\frac{a_{k,y}(\varepsilon_n,t_1)+\sigma\sqrt{\gamma}\bar{p}^{-1}(t_1)}{\sigma^2(1-\gamma)}\right)\left(t_1 - \frac{k}{n}\right)^2 f_{n,k}(t_1, a_{k,y}(\varepsilon_n,t_1))dt_1. \tag{3.55}$$

Daraus ergibt sich

$$\left|h_{n,y}''(\varepsilon_n)\right| \le \int_0^1 \sum_{k=0}^n \left|\frac{a_{k,y}(\varepsilon_n,t_1)+\sigma\sqrt{\gamma}\bar{p}^{-1}(t_1)}{\sigma^2(1-\gamma)}\right| \overbrace{\left(t_1 - \frac{k}{n}\right)^2 f_{n,k}(t_1, a_{k,y}(\varepsilon_n,t_1))}^{\ge 0} dt_1$$

$$\overset{0\le\frac{k}{n},\varepsilon_n,\gamma\le 1}{\le} \int_0^1 \left(\frac{|y|+3+|\sigma\bar{p}^{-1}(t_1)|}{\sigma^2(1-\gamma)}\right)\sum_{k=0}^n\left(t_1-\frac{k}{n}\right)^2 f_{n,k}(t_1, a_{k,y}(\varepsilon_n,t_1))dt_1$$

$$\overset{y\in[a,b]}{\le} \int_0^1 \overbrace{\left(\frac{|b|+3+|\sigma\bar{p}^{-1}(t_1)|}{\sigma^2(1-\gamma)}\right)}^{:=M_b(t_1)}\sum_{k=0}^n\left(t_1-\frac{k}{n}\right)^2 f_{n,k}(t_1, a_{k,y}(\varepsilon_n,t_1))dt_1$$

$$\overset{LemmaA.4}{\le} \int_0^1 M_b(t_1)\sum_{k=0}^n\left(t_1-\frac{k}{n}\right)^2 f_{n,k}(t_1, -\sigma\sqrt{\gamma}\bar{p}^{-1}(t_1))dt_1$$

$$\overset{SatzA.6}{=} \int_0^1 M_b(t_1)P_2(t_1)f_{(L,Z)}(t_1, -\sigma\sqrt{\gamma}\bar{p}^{-1}(t_1))dt_1. \tag{3.56}$$

Dabei wird $P_2(t_1)$ auch nach Satz A.6 wie folgt bestimmt:

$$P_2(t_1) = \sum_{l=0}^2 \sum_{k_1+\cdots+k_n=l}\binom{2}{l}\binom{l}{k_1, \cdots, k_n}\left(\frac{-1}{n}\right)^l t_1^{2-l+\#\{k_j\neq 0,\ j\in\{1,\cdots,n\}\}}$$

$$= t_1^2 - 2t_1^2 + \frac{t_1}{n} + \frac{2(n^2-n)}{2n^2}t_1^2 \tag{3.57}$$

$$= \frac{1}{n}(t_1 - t_1^2).$$

Daraus folgt

$$\left| h''_{n,y}(\varepsilon_n) \right| \leq \frac{1}{n} \overbrace{\int\limits_0^1 M_b(t_1)(t_1 - t_1^2) f_{(L,Z)}(t_1, -\sigma\sqrt{\gamma}\bar{p}^{-1}(t_1))\, dt_1}^{:=C_b} \quad \forall y \in [a,b]. \quad (3.58)$$

Das heißt

$$\sup_{y \in [a,b]} \left| h''_{n,y}(\varepsilon_n) \right| \leq \frac{C_b}{n}. \quad (3.59)$$

Wegen Lemma A.5 gilt $C_b < \infty$, ergibt sich daraus

$$\lim_{n \to \infty} n^\tau \sup_{y \in [a,b]} |R_1^n(1)| \leq \lim_{n \to \infty} \frac{C_b}{n^{1-\tau}} = 0 \qquad \forall \tau \in (0,1). \quad (3.60)$$

Wegen $h'_{n,y}(0) = 0$ folgt dann die Behauptung. $\square$

4. Mindestkapitalanforderung in einem Einfaktormodell mit integriertem Markt- und Kreditrisiko

In diesem Kapitel soll das Hauptziel der Arbeit angegangen werden, das heißt die Berechnung der Mindestkapitalanforderung des zugrundeliegenden Kreditportfolios. In dem vorherigen Kapitel haben wir die Verteilung der aggregierten Markt- und Kreditrisiken durch eine asymptotische Verteilung approximiert und Konvergenzraten dafür angegeben. Einer ähnlichen Vorgehensweise wollen wir für die Bestimmung der Mindestkapitalanforderung folgen. Wie schon in der Einleitung dieser Arbeit erwähnt ist die Mindestkapitalanforderung eine Risikokennzahl, d.h. benötigt wird ein Risikomaß für ihre Berechnung. Uns geht es in dieser Arbeit nicht darum, ein geeignetes oder bestmögliches Risikomaß für das vorliegende Modell auszusuchen, sondern wir werden das meist angewendete und durch verschiedene EU-Abkommen (Basel II, Solvency II) zur Vermeidung weiterer Finanzkrisen empfohlene Risikomaß, nämlich den Value at Risk, verwenden. Zunächst wollen wir mit dem folgenden Abschnitt den Zusammenhang zwischen der Mindestkapitalanforderung und dem eingesetzten Risikomaß erläutern.

4.1. Mindestkapitalanforderung und der Value-at-Risk

Zu Beginn dieses Unterkapitels wollen wir erst den Absatz 1.c) des Kapitels 129 im Abschnitt 5 des Amtsblattes der europäischen Union [3] zitieren: „die in Absatz.2 genannte Linearfunktion für die Berechnung der Mindestkapitalanforderung ist gemäß dem Value-at-risk der Basiseigenmittel eines Versicherungs- oder Rückversicherungsunternehmens mit einem Konfidenzniveau von 85 % über den Zeitraum eines Jahres zu kalibrieren". Aus diesem Zitat kann man schon entnehmen, was es für ein Verhältnis zwischen dem Value at Risk und der Mindestkapitalanforderung gibt. Auch in unserer Arbeit wird die Bestimmung der Mindestkapitalanforderung durch die Berechnung des Value at Risk der aggregierten Markt- und Kreditrisiken zu einem vorgegebenen Konfidenzniveau $\alpha \in (0,1)$ erfolgen. Man kann sich nun die Fragen stellen, was das aus mathematischer Sicht bedeutet.

Definition 4.1 (Value-at-Risk)
Seien W eine Zufallsvariable und $\alpha \in (0,1)$. Der Value-at-Risk $(V@R_\alpha(W))$ von W mit dem Konfidenzniveau α wird durch

$$V@R_\alpha(W)) := \inf\{l \in \mathbb{R} : \mathbb{P}(W > l) \leq 1 - \alpha\} = \inf\{l \in \mathbb{R} : F_W(l) \geq \alpha\} \qquad (4.1)$$

definiert. Dabei bezeichnet F_W die Verteilungsfunktion von W.

Bemerkung 4.1

In der Wahrscheinlichkeitstheorie ist $V@R_\alpha(W)$ nichts anderes als das $\alpha-$Quantil von F_W. Durch die folgende Abbildung wird das $\alpha-$Quantil einer Wahrscheinlichkeitsverteilung illustriert:

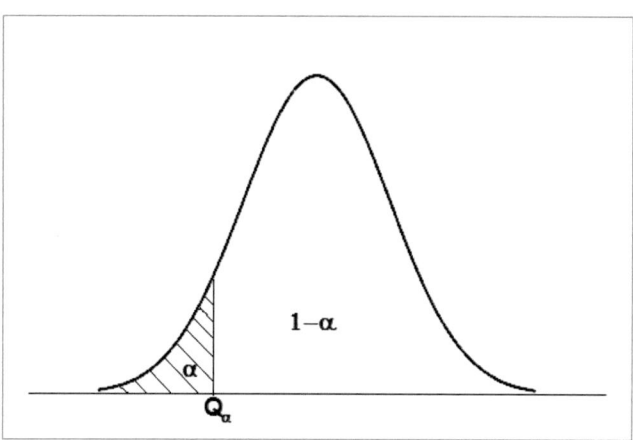

Abbildung 4.1.: Quantil einer Wahrscheinlichkeitsverteilung

Aus dem vorherigen Kapitel ist zu entnehmen, dass die Verteilungsfunktionen der aggregierten Markt- und Kreditrisiken schwach gegen die Verteilungsfunktion der aggregierten Zufallsvariable $L + Z$ konvergieren. Außerdem ist F_{L+Z} nach Bemerkung 3.3 streng monoton wachsend. Daraus folgt, dass die Quantil-Funktion F_{L+Z}^{-1} von F_{L+Z} in jedem Punkt $\alpha \in (0,1)$ stetig ist. Wegen Satz A.4 folgt dann

$$\lim_{n\to\infty} V@R_\alpha(L^{(n)} + Z) = V@R_\alpha(L + Z) \quad \forall \alpha \in (0,1). \tag{4.2}$$

Das heißt: Ein guter Kandidat für die Approximation der Mindestkapitalanforderung in dem zugrundeliegenden Modell ist das (untere) Quantil von F_{L+Z} zu dem Konfidenzniveau α. Wir interessieren uns aber nicht nur dafür, eine Approximation zu finden, sondern für uns geht es auch darum, Konvergenzordnungen der Folge $(V@R_\alpha(L^{(n)} + Z))_{n\in\mathbb{N}}$ der tatsächlich gesuchten Risikokennzahlen gegen ihrer Approximation $V@R_\alpha(L+Z)$ anzugeben. Nach (4.2) steht schon fest, dass $V@R_\alpha(L^{(n)}+Z)$ mindestens mit der Konvergenzordnung n^0 gegen $V@R_\alpha(L + Z)$ konvergiert. Man kann sich anschließend die Frage stellen, ob es ein $\tau > 0$ gibt, so dass

$$\lim_{n\to\infty} n^\tau \left(V@R_\alpha(L^{(n)} + Z) - V@R_\alpha(L + Z) \right) = 0 \tag{4.3}$$

gilt. Wir werden im folgenden Abschnitt diese Frage beantworten.

4.2. Konvergenzordnung

Es geht in diesem Unterkapitel darum, Konvergenzordnungen der Folge $\left(V@R_\alpha \left(L^{(n)} + Z \right) \right)_{n \in \mathbb{N}}$ gegen $V@R_\alpha(L + Z)$ für $\alpha \in (0,1)$ zu untersuchen. Unsere Idee zu dieser Untersuchung beruht auf folgendem altbekannten Satz:

Satz 4.1
Seien X_n, $n \in \mathbb{N}$, X reellwertige Zufallsvariablen. Seien ferner $\theta \in \mathbb{R}$ und $f : \mathbb{R} \mapsto \mathbb{R}$ eine Funktion, die an der Stelle θ differenzierbar ist. Dann gilt:

$$\sqrt{n}\,(X_n - \theta) \xrightarrow{d} X \;\Rightarrow\; \sqrt{n}\,(\phi(X_n) - \phi(\theta)) \xrightarrow{d} \phi'(\theta)X. \tag{4.4}$$

Wenn man Satz 4.1 anschaulich interpretieren will, heißt das, dass Konvergenzordnungen bei der Verteilungskonvergenz unter in $\mathbb{R}$ differenzierbaren Transformationen erhalten bleiben. Darum wollen wir untersuchen, ob sich die Konvergenzordnungen der Folge $(F_{L^{(n)}+Z})_{n \in \mathbb{N}}$ über die inverse Transformation $\phi : F \mapsto F^{-1}$ auf die Konvergenzordnungen der Folge $(V@R_\alpha(L^{(n)} + Z))_{n \in \mathbb{N}}$ bei der Verteilungskonvergenz übertragen lassen. Dafür brauchen wir zunächst einen allgemeineren Begriff für die Differenzierbarkeit, der sich auch in der Menge aller Verteilungsfunktionen auf $\mathbb{R}$ anwenden lässt.

Definition 4.2 (Hadamard-Differenzierbarkeit)
Seien $\mathbb{D}$ und $\mathbb{E}$ metrisierbare topologische $\mathbb{R}-$Vektorräume. Es gilt zu beachten, dass ein topologischer $\mathbb{R}-$Vektorraum ein $\mathbb{R}-$Vektorraum versehen mit einer Topologie T ist, sodass die Addition und die Skalar-Multiplikation stetig sind. Ferner existiere $\mathbb{D}_0 \subset \mathbb{D}$, sodass

$$h_n \to h \quad\Rightarrow\quad h \in \mathbb{D}_0$$

für alle Folgen $(h_n)_{n \in \mathbb{N}}$ aus $\mathbb{D}$, dann heißt eine Abbildung $\phi : \mathbb{D}_\phi \subset \mathbb{D} \mapsto \mathbb{E}$ Hadamard-differenzierbar an der Stelle $\theta \in \mathbb{D}_\phi$ tangential zu $\mathbb{D}_0$, wenn es eine lineare und stetige Abbildung $\phi' : \mathbb{D} \mapsto \mathbb{E}$ gibt, sodass

$$\frac{\phi(\theta + t_n h_n) - \phi(\theta)}{t_n} \to \phi'_\theta(h), \quad n \to \infty \tag{4.5}$$

gilt. Dabei sind $(t_n)_{n \in \mathbb{N}}$ und $(h_n)_{n \in \mathbb{N}}$ Folgen, für die gilt:

$$t_n \to 0 \quad\text{und}\quad h_n \to h, \;\; n \to \infty \quad\text{und}\quad \theta + t_n h_n \in \mathbb{D}_\phi \;\; \forall n \in \mathbb{N}.$$

Bemerkung 4.2
- *Die Ableitung ϕ' von ϕ (im Sinne der Hadamard-Differenzierbarkeit) braucht nur in $\mathbb{D}_0$ definiert zu sein.*
- *Der Definitionsbereich $\mathbb{D}_\phi$ von ϕ darf beliebig (als Teilmenge von $\mathbb{D}$) ausgewählt werden. Insbesondere ist es nicht nötig, dass er ganz $\mathbb{D}$ abdeckt.*

Beispiel 4.1 (Inverse Abbildung: siehe 3.9.23 **Lemma in [15])**
Sei $\mathbb{D}$ die Menge aller Verteilungsfunktionen auf $\mathbb{R}$. Seien ferner $F \in \mathbb{D}$ mit unterer Inverse-Funktion F^{-1}. Existieren $0 < p < q < 1$, $\varepsilon > 0$, sodass F mit streng positiver

Ableitung f in jedem Punkt von $[a, b] = [F^{-1}(p) - \varepsilon, F^{-1}(q) + \varepsilon]$ stetig differenzierbar ist. Setze $\mathbb{D}_1 := \left\{ F_{|_{[a,b]}} : F \in \mathbb{D} \right\}$. Beachte, $\mathbb{D}_1$ ist eine Teilmenge von $\mathbb{D}[a, b]$, welche alle rechtsseitig stetige Funktionen $f : [a, b] \mapsto \mathbb{R}$ mit linksseitigen Grenzwerten. Weiterhin bezeichne $l^\infty(p, q)$ die Menge aller beschränkten Funktionen $g : (p, q) \to \mathbb{R}$ versehen mit der Supremumsnorm $\|.\|_\infty$ definiert durch $\|g\|_\infty = \sup_x |f(x)|$. Dann ist die Abbildung

$$\phi : \mathbb{D}_1 \subset \mathbb{D}[a, b], \qquad G \mapsto \phi(G) := G^{-1} \tag{4.6}$$

Hadamard-differenzierbar in F tangential zu $\mathbb{C}[a, b]$ (Menge aller stetig differenzierbaren Funktionen $f : [a, b] \to \mathbb{R}$). Die Ableitung von ϕ (im Sinne der Hadamard-Differenzierbarkeit) an der Stelle F wird durch die Abbildung $h \mapsto - \left(\frac{h}{f} \right) \circ F^{-1}$ gegeben.

Durch den folgenden Satz wird gezeigt, dass Konvergenzordnungen bei Verteilungskonvergenz auch unter der Inverse-Transformation tatsächlich erhalten bleiben.

Satz 4.2
Seien $F_n : \mathbb{R} \to (0, 1)$, $n \in \mathbb{N}$ eine Folge von Verteilungsfunktionen mit unteren Inverse-Funktionen F_n^{-1}, $n \in \mathbb{N}$. Seien ferner $F_0 : \mathbb{R} \to (0, 1)$ eine stetige Verteilungsfunktion mit unterer Inverse-Funktion F_0^{-1} und streng positiver Dichte f_0, $p \in (0, 1)$ und a, $b \in \mathbb{R}$, so dass $a < F_0^{-1}(p) < b$ und F_0 stetig differenzierbar in jedem Punkt von $[a, b]$ sind. Dann gilt

$$\lim_{n \to \infty} \sup_{x \in [a,b]} |r_n (F_n(x) - F_0(x)) - h(x)| = 0 \Rightarrow \lim_{n \to \infty} r_n \left(F_n^{-1}(p) - F_0^{-1}(p) \right) = - \frac{h \left(F_0^{-1}(p) \right)}{f_0 \left(F_0^{-1}(p) \right)} \tag{4.7}$$

für alle reellen Folgen r_n mit $r_n \to \infty$, $n \to \infty$ und für alle Abbildungen $h \in \mathbb{C}[a, b]$.

Beweis *Setze*

$$\begin{aligned} h_n &= \left. r_n (F_n - F_0) \right|_{[a,b]} \\ t_n &= \frac{1}{r_n} \\ \theta &= \left. F_0 \right|_{[a,b]} \\ h &= h, \end{aligned} \tag{4.8}$$

die Behauptung folgt Beispiel 4.1 und Definition 4.2. □

Wir wollen nun durch das folgende Korollar Konvergenzordnungen der Folge $\left(V@R_\alpha(L^{(n)} + Z) \right)_{n \in \mathbb{N}}$ gegen $V@R_\alpha(L + Z)$ angeben. Das ist im Grunde genommen das Hauptergebnis unserer Arbeit.

Korollar 4.1
Sei $\alpha \in (0, 1)$. Es gilt

$$\lim_{n \to \infty} n^\tau \left(V@R_\alpha \left(L^{(n)} + Z \right) - V@R_\alpha(L + Z) \right) = 0 \qquad \forall \tau \in (0, 1). \tag{4.9}$$

Beweis *OBdA nehmen wir $0 < \alpha < 1 - \alpha < 1$ an.*
Setze $[a, b]_\varepsilon := [V@R_\alpha(L + Z) - \varepsilon,\ V@R_{1-\alpha}(L + Z) + \varepsilon]$ für ein $\varepsilon > 0$. Nach Bemerkung 3.3 gilt $f_{L+Z}(t) > 0 \quad \forall t \in [a, b]_\varepsilon$. Wir betrachten nun die Abbildung

$$A : [a, b]_\varepsilon \times \mathbb{R} \to \mathbb{R}$$

$$(t, s_1) \mapsto \exp\left(-\frac{\sigma^2(1 - \beta^2)s_1^2 + (t - (\beta|\sigma|s_1 + h^*(s_1)))^2}{2\sigma^2(1 - \beta^2)}\right) \tag{4.10}$$

Wegen $f_{L+Z} < \infty$ folgt

$$\int_{-\infty}^{\infty} A(t, s_1)ds_1 < \infty \qquad \forall t \in [a, b]_\varepsilon. \tag{4.11}$$

A ist unendlich oft partiell nach t stetig differenzierbar. Daraus ergibt sich

$$\exists t_0 \in [a, b]_\varepsilon,\ \text{sodass}\ \ A(t, s_1) \leq A(t_0, s_1) \quad \forall (t, s_1) \in [a, b]_\varepsilon \times \mathbb{R}.$$

Und es gilt

$$\int_{-\infty}^{\infty} A(t, s_1)ds_1 \leq \int_{-\infty}^{\infty} A(t_0, s_1)ds_1 < \infty. \tag{4.12}$$

Aus dem Stetigkeitslemma (siehe 16.1 Lemma in Bauer [4]) folgt, dass die Abbildung $t \mapsto \int_{-\infty}^{\infty} A(t, s_1)ds_1$ in jedem Punkt $t \in [a, b]_\varepsilon$ stetig ist. Das heißt, f_{L+Z} ist stetig in jedem Punkt $t \in [a, b]_\varepsilon$. Sei nun $\tau \in (0, 1)$. Setze $r_n = n^\tau$, $n \in \mathbb{N}$, $h \equiv 0$. Resultierend aus Satz 3.8 und nach Satz 4.2 folgt die Behauptung. $\square$

Bemerkung 4.3
Aus dem Korollar 4.1 kann man entnehmen, dass der Value at Risk der aggregierten Markt- und Kreditrisiken zu dem Konfidenzniveau $\alpha \in (0, 1)$ (in unserem zugrundeliegenden Modell) gegen $V@R_\alpha(L + Z)$ mit einer Konvergenzgeschwindigkeit von $n^{-\tau}$, für ein τ in der Nähe von $\tau_0 = 1$, konvergiert.

5. Zusammenfassung

Das Hauptziel dieser Masterarbeit war die Abschätzung der Mindestkapitalanforderung für ein Kreditportfolio unter der integrierten Betrachtung von Markt- und Kreditrisiken.

Dafür haben wir erst die aggregierten Kreditrisiken durch das Einfaktormodell

$$A_i = \sqrt{\rho}Y + \sqrt{1-\rho}\varepsilon_i, \ i = 1, \cdots, n \qquad (5.1)$$

modelliert. Dabei bezeichneten $Y \sim N(0,1)$ den systematischen Risikofaktor und $\varepsilon_i \sim N(0,1)$, $i = 1, \cdots, n$ die idiosynkratischen Kreditrisikofaktoren. Dann haben wir die aggregierten Marktrisiken durch die eindimensional Zufallsvariable

$$Z = -\sigma\left(\sqrt{\gamma}Y + \sqrt{1-\gamma}\eta\right) \qquad (5.2)$$

modelliert. Wobei $Y \sim N(0,1)$ der systematische Risikofaktor und $\eta \sim N(0,1)$ der idiosynkratische Marktrisikofaktoren waren. Um ein stochastisches Modell mit integrierten Markt- und Kreditrisiko zu erhalten, haben wir vorausgesetzt, dass Markt- und Kreditrisiken denselben systematischen Risikofaktor Y haben und die Risikofaktoren Y, η, ε_i, $i = 1, \cdots, n$ stochastisch unabhängig sind.

Der nächste Schritt war die Bestimmung der Verteilung der aggregierten Markt- und Kreditrisiken. Dafür betrachteten wir die aggregierte Zufallsgröße $L^{(n)} + Z$. Dann bestimmten wir Konvergenzordnungen für die gleichmäßige Konvergenz der Folge $(F_{L^{(n)}+Z})_{n\in\mathbb{N}}$ der Verteilungsfunktionen von $L^{(n)} + Z$ gegen die Verteilungsfunktion F_{L+Z} von $L + Z$ auf kompakten Intervallen durch

$$\lim_{n\to\infty} \sup_{y\in[a,b]} n^\tau \left|F_{L^{(n)}+Z}(y) - F_{L+Z}(y)\right| = 0 \qquad \text{für } \tau \in (0,1) \text{ und } -\infty < a < b < \infty. \ (5.3)$$

Daraus ergab sich

$$\lim_{n\to\infty} n^\tau \left(V@R_\alpha(L^{(n)} + Z) - V@R_\alpha(L + Z)\right) = 0 \qquad (5.4)$$

für ein τ in der Nähe von 1 und $\alpha \in (0,1)$.

6. Ausblick

Unsere Arbeit beruht auf der Untersuchung der Abhängigkeit zwischen verschiedenen Risikoarten (Markt- und Kreditrisiken) mit dem Ziel, eine Kapitalreserve gegenüber Verlusten dieser Risiken für ein homogenes Kreditportfolio zu bestimmen. Dafür haben wir zunächst eine Approximation für die Mindestkapitalanforderung bestimmt, dann haben wir Konvergenzordnungen der Folge der Mindestkapitalanforderungen gegen diese Approximation angegeben. Man könnte sich auch überlegen, ob sich eine ähnliche Vorgehensweise für heterogene Portfolios anwenden ließe. Außerdem haben wir für die Untersuchung einfache Modelle, nämlich Einfaktor-Modelle benutzt und haben dann die Gauß-Copula als Abhängigkeitsstruktur zwischen den aggregierten Marktrisiken und den aggregierten Kreditrisiken erhalten. Wie wäre es, wenn man statt Faktor-Modellen, Modelle benutzt, in denen die Risiken zum Beispiel elliptisch verteilt sind, oder wenn man statt der Unabhängigkeit zwischen systematischen und idiosynkratischen Faktoren von Markt- und Kreditrisiken (oder einer weiteren Risikoart), eine Copula-Abhängigkeit voraussetzt? Diese Fragestellungen erlauben zahlreiche Untersuchungsmöglichkeiten, die als Erweiterung dieser Masterarbeit dienen können.

A. Anhang

A.1. Ausgewählte Themen aus der Wahrscheinlichkeitstheorie

Satz A.1 (Gesetz der Großen Zahlen; Kolmogorov)
Sei $(X_k)_{k\in\mathbb{N}}$ eine Folge von quadratisch integrierbaren Zufallsvariablen, die stochastisch unabhängig sind. Gelten ferner

$$\mathbb{E}[X_k] = \mu \quad \forall k \in \mathbb{N} \quad \text{und} \quad \sum_{k=1}^{\infty} \frac{\mathbb{V}ar[X_k]}{k^2} < \infty,$$

dann gilt

$$\lim_{n\to\infty} \frac{1}{n} \sum_{k=1}^{n} X_k = \mu$$

fast sicher.

Beweis: *Siehe 15.2.5 Satz in [14]*

Satz A.2 (Transformationssatz für Lebesgue-Integrale)
Für zwei offene Teilmengen G und G' des $\mathbb{R}_d$ sei $\phi : G \to G'$ ein C_1- Diffeomorphismus von G auf G'. Eine auf G' definierte numerische Funktion f' ist genau über G' λ^d-integrierbar, wenn die Funktion $f' \circ \phi \, |\det D_\phi|$ über G λ^d-integrierbar ist. Es gilt dann

$$\int_{G'} f' d\lambda^d = \int_{G} f' \circ \phi \, |\det D_\phi| \, d\lambda^d. \tag{A.1}$$

Dabei bezeichnen λ^d das $d-$dimensionale Lebesgue-Maß und D_ϕ die Jacobi-Matrix von ϕ.

Beweis *Siehe 19.4 Satz in [4].*

Wir werden nun mit dem folgenden Satz (ohne Beweis, aber folgt aus dem vorherigen Satz) ein Beispiel für die Anwendung des Transformationssatz (für Lebesgue-Integrale) angeben.

Satz A.3 (Dichtetransformationsformel in $\mathbb{R}^n$)
Es sei μ ein Maß auf $\mathbb{R}^n$ mit stetiger (oder stückweise stetiger) Dichte $f : \mathbb{R}^n \to [0, \infty)$, das heißt

$$\mu\left((-\infty, x]\right) = \int\limits_{-\infty}^{x_1} \cdots \int\limits_{-\infty}^{x_n} f(t_1, \cdots, t_n) \, dt_n \cdots dt_1 \quad \forall x \in \mathbb{R}^n.$$

Sei $A \subset \mathbb{R}^n$ eine offene (oder abgeschlossene) Menge mit $\mu\left(\mathbb{R}^n \backslash A\right) = 0$. Ferner sei $B \subset \mathbb{R}^n$ offen oder abgeschlossen sowie $\psi : A \to B$ bijektiv und stetig differenzierbar mit Ableitung ψ'. Dann hat das Bildmaß $\mu \circ \psi^{-1}$ die Dichte

$$f_\psi(x) = \begin{cases} \frac{f\left(\psi^{-1}(x)\right)}{|\det(\psi'(\psi^{-1}(x)))|}, & \text{falls } x \in B, \\ 0, & \text{falls } x \in \mathbb{R}^n \backslash B. \end{cases} \tag{A.2}$$

Satz A.4
Seien F_n, F eindimensionale Verteilungsfunktionen, dann gilt:

$$F_n(n) \to F(z) \qquad \forall z \in C(F) \quad \Leftrightarrow \quad F_n^{-1}(u) \to F^{-1}(u) \qquad u \in C(F^{-1}). \tag{A.3}$$

Dabei bezeichnen F_n^{-1}, $n \in \mathbb{N}$, F^{-1} die (unteren) Inverse-Funktionen von F_n beziehungsweise von F.

Beweis *Siehe Satz 5.76 in [16].*

A.2. Einige Hilfssätze und Beweise

Lemma A.1
Seien $E(+,.)$ ein Vektorraum und b, $x_i \in E$, $i = 1, \cdots, n$, dann gilt

$$\prod_{i=1}^{n} (x_i - b) = \sum_{\alpha=0}^{n} \left(\sum_{k_1 + \cdots + k_n = \, n-\alpha} x_1^{k_1} \times \cdots \times x_n^{k_n} (-b)^\alpha \right) \tag{A.4}$$

Dabei ist $k_i \in \{0, 1\}$, $i = 1, \cdots, n$.

40

Beweis

Seien $E(+,.)$ ein Vektorraum, b, $x_i \in E$, $i = 1, \cdots, n$.

- *Induktionsanfang $n = 1$*
  Trivial.

- *Induktionsvoraussetzung*
  $\exists n \in \mathbb{N}$, *sodass*

$$\prod_{i=1}^{n}(x_i - b) = \sum_{\alpha=0}^{n} \sum_{k_1 + \cdots + k_n = n - \alpha} x_1^{k_1} \times ... \times x_n^{k_n}(-b)^{\alpha}, \quad \text{mit} \quad k_1, \cdots, k_n \in \{0, 1\}.$$

- *Induktionsschritt $n \to n + 1$*
  Wir setzen $k := \sum_{i=1}^{n} k_i$ und $x^{(k)} := x_1^{k_1} \times \cdots \times x_n^{k_n}$.

$$\prod_{i=1}^{n+1}(x_i - b)$$

$$= \left(\prod_{i=1}^{n}(x_i - b)\right)(x_{n+1} - b)$$

$$= \left(\sum_{\alpha=0}^{n} \sum_{k=n-\alpha} x^{(k)} \times (-b)^{\alpha}\right)(x_{n+1} - b) \;(\textit{Induktionsvoraussetzung})$$

$$= \sum_{\alpha=0}^{n}\left(\sum_{k=n-\alpha} x^{(k)} \times x_{n+1}(-b)^{\alpha}\right) + \sum_{\alpha=0}^{n}\left(\sum_{k=n-\alpha} x^{(k)}(-b)^{\alpha+1}\right)$$

$$= \sum_{\alpha=0}^{n}\left(\sum_{k+1=n+1-\alpha} x^{(k)} \times x_{n+1}(-b)^{\alpha}\right) + \sum_{\alpha=1}^{n+1}\left(\sum_{k+0=n+1-\alpha} x^{(k)} \times x_{n+1}^{0}(-b)^{\alpha}\right)$$

$$= \prod_{i=1}^{n+1} x_i + \sum_{\alpha=1}^{n}\left(\sum_{k+1=n+1-\alpha} x^{(k)} \times x_{n+1}(-b)^{\alpha} + \sum_{k+0=n+1-\alpha} x^{(k)} \times x_{n+1}^{0}(-b)^{\alpha}\right) +$$
$$(-b)^{n+1}$$

$$= \prod_{i=1}^{n+1} x_i + \sum_{\alpha=1}^{n}\left(\sum_{k+k_{n+1}=n+1-\alpha} x^{(k)} \times x_{n+1}^{k_{n+1}}(-b)^{\alpha}\right) + (-b)^{n+1} \; \text{mit } k_{n+1} \in \{0, 1\}$$

$$= \sum_{\alpha=0}^{n+1}\left(\sum_{k_1 + \cdots + k_{n+1}=n+1-\alpha} x_1^{k_1} \times ... \times x_{n+1}^{k_{n+1}}(-b)^{\alpha}\right) \qquad \square$$

$$(\text{A.5})$$

Lemma A.2

Seien $n \geq 1$ eine natürliche Zahl und $D \in \mathbb{R}$. Die Mengen

$$B_{k,n} := \left\{ (t_1, \cdots, t_n) \in \mathbb{R}^n \mid \sum_{j=1}^{n} 1_{]-\infty,D]}(t_j) = k \right\}, \quad k = 0, \cdots, n.$$

sind bezüglich der Borelschen σ-Algebra auf $\mathbb{R}^n$ messbar und es gilt

$$\mathbb{R}^n = \overset{\boldsymbol{\cdot}}{\underset{k=0}{\overset{n}{\bigcup}}} B_{k,n}.$$

Beweis   *Sei die numerische Funktion*

$$\psi_n : \mathbb{R}^n \to \mathbb{R}$$

$$(t_1, \cdots, t_n) \mapsto \sum_{j=1}^{n} 1_{]-\infty,D]}(t_j).$$

Es gilt

$$\psi_n(t_1, \cdots, t_n) = \sum_{j=1}^{n} 1_{]-\infty,D]} \circ Pr_j(t_1, \cdots, t_n) \qquad \forall (t_1, \cdots, t_n) \in \mathbb{R}^n$$

Dabei ist Pr_j, $j \in \{1, \cdots, n\}$ die Projektion auf die j-Koordinate in $\mathbb{R}^n$. Bekannt ist schon, dass Pr_j, $j \in \{1, \cdots, n\}$ und $1_{]-\infty,D]}$ $\mathcal{B}(\mathbb{R}^n) - \mathcal{B}(\mathbb{R})-$, beziehungsweise $\mathcal{B}(\mathbb{R}) - \mathcal{B}(\mathbb{R})-$messbare Funktionen sind. Daraus folgt, dass ψ_n $\mathcal{B}(\mathbb{R}^n) - \mathcal{B}(\mathbb{R})$ messbar ist. Da $B_{k,n} = \psi_n^{-1}(\{k\})$, $k = 0, \cdots, n$ gilt, ist somit ihre Messbarkeit begründet. Ferner sind die $B_{k,n}$, $k = 0, \cdots, n$ per Definition paarweise disjunkte und es gilt $\mathbb{R}^n \supseteq \bigcup_{k=0}^{n} B_{k,n}$. Das heißt, es genügt nur noch zu zeigen, dass

$$\mathbb{R}^n \subseteq \bigcup_{k=0}^{n} B_{k,n}.$$

Hierfür sei $(t_1, \cdots, t_n) \in \mathbb{R}^n$. Es gilt

$$\psi_n(t_1, \cdots, t_n) \in \{0, \cdots, n\}.$$

Dies bedeutet

$$\exists\, k \in \{0, \cdots, n\}, \text{ sodass } \psi_n(t_1, \cdots, t_n) = k.$$

Daraus folgt

$$(t_1, \cdots, t_n) \in \psi_n^{-1}(\{k\}) := B_{k,n} \subseteq \bigcup_{k=0}^{n} B_{k,n}. \qquad \qquad \square$$

Satz A.5

Seien Y, η, $\varepsilon_1, \cdots, \varepsilon_n$ Standard-normalverteilte Zufallsvariablen, die stochastisch unabhängig sind. Seien ferner h, g, $C_1, \cdots, C_n$ messbare Funktionen definiert durch

$$h : \mathbb{R} \to (0,1), \quad y \mapsto \Phi\left(\frac{D - \sqrt{\rho}y}{\sqrt{1-\rho}}\right);$$

$$g : \mathbb{R}^2 \to \mathbb{R}, \quad (y,x) \mapsto -\sigma(\sqrt{\gamma}y + \sqrt{1-\gamma}x);$$

und

$$C_i : \mathbb{R}^2 \to \mathbb{R}, \quad (y,t_i) \mapsto \sqrt{\rho}y + \sqrt{1-\rho}t_i, \ i = 1, \cdots, n,$$

wobei $\rho \in (0, \frac{2}{3})$, $\gamma \in (0,1)$; σ, $D \in \mathbb{R}$ und Φ die Verteilungsfunktion der Standardnormalverteilung kennzeichnet.
Setze

$$h(Y) := L; \qquad g(Y,\eta) := Z; \qquad C_i(Y,\varepsilon_i) := A_i, \ i = 1, \cdots, n.$$

Bezeichne f_n die Dichtefunktion des Zufallsvektors $(L, Z, A_1, \cdots, A_n)$, dann sind die numerischen messbaren Funktionen

$$f_{n,k} : \mathbb{R}^2 \to \mathbb{R} \quad (t_1, t_2) \mapsto \int\limits_{B_{n,k}} f_n(t_1, t_2, t_3, \cdots, t_{n+2}) \, dt_3 \cdots dt_{n+2}, \ k = 0, \cdots, n \qquad \text{(A.6)}$$

wohldefiniert und unendlich oft partiell nach der zweiten Variable t_2 auf $\mathbb{R}$ stetig differenzierbar. Außerdem gilt

$$f_{n,k}(t_1, t_2)$$
$$= \begin{cases} \frac{1}{|\sigma|\sqrt{1-\gamma}} f_\eta\left(\frac{t_2 + \sigma\sqrt{\gamma}h^{-1}(t_1)}{-\sigma\sqrt{1-\gamma}}\right) \int\limits_{B_{n,k}} f_n^*(t_1, t_3, \cdots, t_{n+2}) \, dt_3 \cdots dt_{n+2} & , \forall (t_1, t_2) \in (0,1) \times \mathbb{R}, \\ 0 & , \text{sonst.} \end{cases}$$
$$\text{(A.7)}$$

Dabei bezeichnen f_n^*, f_η die Dichtefunktionen von jeweils $(L, A_1, \cdots, A_n)$ und η, und

$$B_{k,n} := \left\{ (t_1, \cdots, t_n) \in \mathbb{R}^n \mid \sum_{j=1}^{n} 1_{]-\infty, D]}(t_j) = k \right\}, \ k = 0, \cdots, n.$$

Beweis *Sei $(t_1, t_2) \in \mathbb{R}$. Wir setzen*

$$h(Y) := L; \qquad g(Y,\eta) := Z; \qquad C_i(Y,\varepsilon_i) := A_i, \ i = 1, \cdots, n.$$

Wegen Lemma A.2 gilt

$$\int\limits_{B_{k,n}} f_n(t_1, t_2, t_3, \cdots, t_{n+2}) \, dt_3 \cdots dt_{n+2} \leq \int\limits_{\mathbb{R}^n} f_n(t_1, t_2, t_3, \cdots, t_{n+2}) \, dt_3 \cdots dt_{n+2}$$
$$= f_{(L,Z)}(t_1, t_2) < \infty. \qquad \text{(A.8)}$$

Somit ist die Wohldefiniertheit der $f_{n,k}$, $k \in \{1, \cdots, n\}$ gezeigt. Betrachten wir ferner die C^1-Diffeomorphismen φ_n und φ_n^*, die durch

$$\varphi_n : \mathbb{R}^{n+2} \to (0,1) \times \mathbb{R}^{n+1},$$
$$(t_1, \cdots, t_{n+2}) \mapsto \varphi_n(t_1, \cdots, t_{n+2}) := (h(t_1), \ g(t_1, t_2), \ C_1(t_1, t_3), \ \cdots, \ C_n(t_1, t_{n+2})). \tag{A.9}$$

und

$$\varphi_n^* : \mathbb{R}^{n+1} \to (0,1) \times \mathbb{R}^{n}.$$
$$(t_1, t_3, \cdots, t_{n+2}) \mapsto \varphi_n^*(t_1, t_3, \cdots, t_{n+2}) := (h(t_1), C_1(t_1, t_3), \cdots, C_n(t_1, t_{n+2})) \tag{A.10}$$

gegeben sind. Es gilt $(L, Z, A_1, \cdots, A_n) = \varphi_n(Y, \eta, \varepsilon_1, \cdots, \varepsilon_n)$ beziehungsweise $(L, A_1, \cdots, A_n) = \varphi_n^*(Y, \varepsilon_1, \cdots, \varepsilon_n)$. Die Jacobimatrizen ihrer Umkehrfunktionen φ_n^{-1} und $(\varphi_n^*)^{-1}$ werden durch

$$J_{\varphi_n^{-1}}(t_1, \cdots, t_{n+2}) := \begin{pmatrix} (h^{-1})'(t_1) & 0 & & \cdots & 0 \\ -\frac{\sqrt{\gamma}}{\sqrt{1-\gamma}}(h^{-1})'(t_1) & -\frac{1}{\sigma\sqrt{1-\gamma}} & 0 & \cdots & \\ -\frac{\sqrt{\rho}}{\sqrt{1-\rho}}(h^{-1})'(t_1) & 0 & \frac{1}{\sqrt{1-\rho}} & \ddots & \vdots \\ \vdots & \vdots & \ddots & \ddots & 0 \\ -\frac{\sqrt{\rho}}{\sqrt{1-\rho}}(h^{-1})'(t_1) & 0 & \cdots & 0 & \frac{1}{\sqrt{1-\rho}} \end{pmatrix} \tag{A.11}$$

und

$$J_{(\varphi_n^*)^{-1}}(t_1, t_3, \cdots, t_{n+2}) := \begin{pmatrix} (h^{-1})'(t_1) & 0 & & \cdots & 0 \\ -\frac{\sqrt{\rho}}{\sqrt{1-\rho}}(h^{-1})'(t_1) & \frac{1}{\sqrt{1-\rho}} & 0 & \ddots & \vdots \\ \vdots & 0 & \frac{1}{\sqrt{1-\rho}} & \ddots & 0 \\ \vdots & & \ddots & \ddots & 0 \\ -\frac{\sqrt{\rho}}{\sqrt{1-\rho}}(h^{-1})'(t_1) & 0 & \cdots & 0 & \frac{1}{\sqrt{1-\rho}} \end{pmatrix} \tag{A.12}$$

gegeben. Dabei ist h^{-1} die Umkehrfunktion von h und ist durch

$$h^{-1} : (0,1) \to \mathbb{R}, \qquad y \mapsto h^{-1}(y) := \frac{D - \sqrt{1-\rho}\,\Phi^{-1}(y)}{\sqrt{\rho}}$$

gegeben. Wir setzen nun

$$J(t_1) := \left| \det J_{\varphi_n^{-1}}(t_1, \cdots, t_{n+2}) \right|$$

und

$$J^*(t_1) := \left| \det J_{(\varphi_n^*)^{-1}}(t_1, t_3, \cdots, t_{n+2}) \right|.$$

Aus (A.11) und (A.12) gilt

$$J(t_1) = \frac{1}{|\sigma|\sqrt{1-\gamma}} J^*(t_1). \tag{A.13}$$

Nach der Dichtetransformationsformel (Siehe Satz 1.101 in [9]) ergibt sich

$$f_n(t_1, \cdots, t_{n+2})$$
$$= \begin{cases} J(t_1) f_{(Y,\eta,\varepsilon_1,\cdots,\varepsilon_n)} \circ \varphi_n^{-1}(t_1, \cdots, t_{n+2}) & , \text{ falls } (t_1, \cdots, t_{n+2}) \in (0,1) \times \mathbb{R}^{n+1} \\ 0 & , \text{ sonst} \end{cases} \tag{A.14}$$

und

$$f_n^*(t_1, t_3, \cdots, t_{n+2})$$

$$= \begin{cases} J^*(t_1) f_{(Y,\varepsilon_1,\cdots,\varepsilon_n)} \circ (\varphi_n^*)^{-1}(t_1, t_3, \cdots, t_{n+2}) & \text{, falls } (t_1, t_3, \cdots, t_{n+2}) \in (0,1) \times \mathbb{R}^n \\ 0 & \text{, sonst.} \end{cases}$$

$$(A.15)$$

Da Y, η, ε_1, $\cdots$, ε_n *stochastisch unabhängig sind, gilt*

$$f_{(Y,\eta,\varepsilon_1,\cdots,\varepsilon_n)} \circ \varphi_n^{-1}(t_1, \cdots, t_{n+2}) = f_\eta\left(\frac{t_2 + \sigma\sqrt{\gamma}h^{-1}(t_1)}{-\sigma\sqrt{1-\gamma}}\right) \times f_{(Y,\varepsilon_1,\cdots,\varepsilon_n)} \circ (\varphi_n^*)^{-1}(t_1, t_3, \cdots, t_{n+2}),$$

$$(A.16)$$

und mit (A.14) folgt daraus

$$f_{n,k}(t_1, t_2)$$

$$= \int\limits_{B_{k,n}} J(t_1) f_\eta\left(\frac{t_2 + \sigma\sqrt{\gamma}h^{-1}(t_1)}{-\sigma\sqrt{1-\gamma}}\right) f_{(Y,\varepsilon_1,\cdots,\varepsilon_n)} \circ (\varphi_n^*)^{-1}(t_1, t_3, \cdots, t_{n+2}) dt_3 \cdots dt_{n+2}$$

$$\stackrel{(A.13),(A.15)}{=} \frac{1}{|\sigma|\sqrt{1-\gamma}} f_\eta\left(\frac{t_2 + \sigma\sqrt{\gamma}h^{-1}(t_1)}{-\sigma\sqrt{1-\gamma}}\right) \int\limits_{B_{k,n}} f_n^*(t_1, t_3, \cdots, t_{n+2}) \, dt_3 \cdots dt_{n+2}$$

$$(A.17)$$

für alle $(t_1, t_2) \in (0,1) \times \mathbb{R}$; *sonst ist* $f_{n,k}(t_1, t_2) = 0$.

Betrachten wir nun die Abbildung

$$(0,1) \to \mathbb{R}, \qquad (t_1, t_2) \mapsto f_\eta\left(\frac{t_2 + \sigma\sqrt{\gamma}h^{-1}(t_1)}{-\sigma\sqrt{1-\gamma}}\right) := \frac{1}{\sqrt{2\pi}} \exp\left[-\frac{1}{2}\left(\frac{t_2 + \sigma\sqrt{\gamma}h^{-1}(t_1)}{-\sigma\sqrt{1-\gamma}}\right)^2\right].$$

Da die Exponentialfunktion in $\mathbb{R}^2$ *unendlich oft stetig differenzierbar ist, ist diese Abbildung und somit* $f_{n,k}$ *unendlich oft partiell nach der zweiten Variable* t_2 *auf* $\mathbb{R}$ *stetig differenzierbar.* $\square$

Satz A.6

Wir nehmen an, dass die gleichen Voraussetzungen wie bei Satz A.5 auch hier erfüllt sind. Sei ferner $n \geq 1$ *eine natürliche Zahl, dann gilt für die messbaren Funktionen* $f_{n,k}$, $k = 0, \cdots, n$

$$\sum_{k=0}^{n}\left(t_1 - \frac{k}{n}\right)^m f_{n,k}(t_1, t_2) = f_{(L,Z)}(t_1, t_2) P_m(t_1) \qquad \forall (t_1, t_2) \in \mathbb{R}^2 \quad \text{und} \quad \forall m \in \mathbb{N},$$

$$(A.18)$$

wobei $f_{(L,Z)}$ *die Dichtefunktion der Zufallsvektor* (L, Z) *mit* $L := h(Y)$ *und* $Z := g(Y, \eta)$ *ist und* $P_m(t_1)$ *ein Polynom vom höchstens Grad* m, *das durch*

$$P_m(t_1) := \sum_{l=0}^{m} \sum_{k_1+\cdots+k_n=l} \binom{m}{l}\binom{l}{k_1, \cdots, k_n}\left(\frac{-1}{n}\right)^l t_1^{m-l+l'} \qquad (A.19)$$

gegeben wird, mit

$$l' = \#\{k_j \neq 0, j \in \{1, \cdots, n\}\}, \quad \binom{m}{l} := \frac{m!}{l!(m-l)!} \tag{A.20}$$

und

$$\binom{l}{k_1, \quad \cdots, \quad k_n} := \frac{l!}{k_1! \times \cdots \times k_n!}. \tag{A.21}$$

Beweis Seien $(t_1, t_2) \in \mathbb{R}^2$ und $m \in \mathbb{N}$. Es gilt

$$\sum_{k=0}^{n} \left(t_1 - \frac{k}{n} \right)^m f_{n,k}(t_1, t_2)$$

$$= \sum_{k=0}^{n} \sum_{l=0}^{m} \binom{m}{l} \left(\frac{-k}{n} \right)^l t_1^{m-l} f_{n,k}(t_1, t_2)$$

$$= \sum_{l=0}^{m} \binom{m}{l} t_1^{m-l} \underbrace{\left(\sum_{k=0}^{n} \left(\frac{-k}{n} \right)^l f_{n,k}(t_1, t_2) \right)}_{:=a}. \tag{A.22}$$

Ferner gilt

$$\sum_{k=0}^{n} \left(\frac{-k}{n} \right)^l f_{n,k}(t_1, t_2)$$

$$= (-1)^l \sum_{k=0}^{n} \int_{B_{k,n}} \left(\frac{k}{n} \right)^l f_n(t_1, t_2, t_3, \cdots, t_{n+2})\, dt_3 \cdots dt_{n+2}$$

$$= (-1)^l \sum_{k=0}^{n} \int_{B_{k,n}} \left(\frac{1}{n} \sum_{j=3}^{n+2} 1_{(-\infty, D]}(t_j) \right)^l f_n(t_1, t_2, t_3, \cdots, t_{n+2})\, dt_3 \cdots dt_{n+2}$$

$$\overset{Lemma\,A.2}{=} \left(\frac{-1}{n} \right)^l \int_{\mathbb{R}^n} \left(\sum_{j=3}^{n+2} 1_{(-\infty, D]} \circ Pr_{j-2}(t_3, \cdots, t_{n+2}) \right)^l f_{(L,Z)}(t_1, t_2)$$

$$\times f_{(A_1, \cdots, A_n | L, Z)}(t_3, \cdots, t_{n+2} \mid t_1, t_2)\, dt_3 \cdots dt_{n+2}$$

$$= \left(\frac{-1}{n} \right)^l f_{(L,Z)}(t_1, t_2) \mathbb{E}\left[\left(\sum_{j=3}^{n+2} 1_{(-\infty, D]} \circ Pr_{j-2}(A_1, \cdots, A_n) \right)^l \mid L = t_1, Z = t_2 \right]$$

$$= \left(\frac{-1}{n} \right)^l f_{(L,Z)}(t_1, t_2) \mathbb{E}\left[\left(\sum_{j=3}^{n+2} \underbrace{1_{(-\infty, D]} \circ (A_{j-2})}_{:=L_{j-2}} \right)^l \mid L = t_1, Z = t_2 \right]$$

$$= \left(\frac{-1}{n} \right)^l f_{(L,Z)}(t_1, t_2) \mathbb{E}\left[\left(\sum_{j=1}^{n} L_j \right)^l \mid L = t_1, Z = t_2 \right]. \tag{A.23}$$

Betrachten wir nun $\sigma(Y, \eta)$ und $\sigma\left(\sum\limits_{j=1}^{n} L_j, Y\right)$ die von Y und η, beziehungsweise die von $\sum\limits_{j=1}^{n} L_j$ und Y erzeugten $\sigma-$Algebren. Es gilt

$$\sigma\left(\sum_{j=1}^{n} L_j, Y\right) \subseteq \sigma(Y, \varepsilon_1, \cdots, \varepsilon_n).$$

Da Y, η, ε_i, $i = 1, \cdots, n$ stochastisch unabhängig sind, sind die $\sigma-$Algebren $\sigma\left(\sum\limits_{j=1}^{n} L_j, Y\right)$ und $\sigma(\eta)$ auch stochastisch unabhängig. Es gilt außerdem

$$\{\omega \in \Omega : L(\omega) = t_1, \ Z(\omega) = t_2\}$$
$$= \left\{\omega \in \Omega : \ Y(\omega) = h^{-1}(t_1), \ \eta(\omega) = \frac{t_2 + \sigma\sqrt{\gamma}h^{-1}(t_1)}{-\sigma\sqrt{1-\gamma}}\right\} \in \sigma(Y, \eta)$$

für alle $(t_1, t_2) \in (0, 1) \times \mathbb{R}$. Daraus ergibt sich

$$\mathbb{E}\left[\left(\sum_{j=1}^{n} L_j\right)^{l} \mid L = t_1, Z = t_2\right]$$

$$= \mathbb{E}\left[\left(\sum_{j=1}^{n} L_j\right)^{l} \mid Y = h^{-1}(t_1), \eta = \frac{t_2 + \sigma\sqrt{\gamma}h^{-1}(t_1)}{-\sigma\sqrt{1-\gamma}}\right]$$

$$= \mathbb{E}\left[\mathbb{E}\left[\left(\sum_{j=1}^{n} L_j\right)^{l} \mid \sigma(Y, \eta)\right] \mid Y = h^{-1}(t_1), \eta = \frac{t_2 + \sigma\sqrt{\gamma}h^{-1}(t_1)}{-\sigma\sqrt{1-\gamma}}\right]$$

$$= \mathbb{E}\left[\underbrace{\mathbb{E}\left[\left(\sum_{j=1}^{n} L_j\right)^{l} \mid Y\right] \mid Y = h^{-1}(t_1), \eta = \frac{t_2 + \sigma\sqrt{\gamma}h^{-1}(t_1)}{-\sigma\sqrt{1-\gamma}}}_{:=b}\right] \quad \text{(Wegen Satz 15.5 in [5]).}$$

(A.24)

Wegen

$$\mathbb{E}\left[\left(\sum_{j=1}^{n} L_j\right)^{l} \mid Y\right]$$

$$= \mathbb{E}\left[\sum_{k_1 + \cdots + k_n = l} \binom{l}{k_1, \ \cdots, \ k_n} L_1^{k_1} \times \cdots \times L_n^{k_n} \mid Y\right]$$

$$= \sum_{k_1 + \cdots + k_n = l} \binom{l}{k_1, \ \cdots, \ k_n} \mathbb{E}\left[L_1^{k_1} \times \cdots \times L_n^{k_n} \mid Y\right]$$

$$= \sum_{k_1 + \cdots + k_n = l} \binom{l}{k_1, \ \cdots, \ k_n} L^{\overbrace{\# \{k_j \neq 0, j \in \{1, \cdots, n\}\}}^{:=l'}},$$

(A.25)

gilt

$$b = \mathbb{E}\left[\sum_{k_1+\cdots+k_n=l} \binom{l}{k_1, \cdots, k_n} L^{l'} \mid Y = h^{-1}(t_1), \eta = \frac{t_2 + \sigma\sqrt{\gamma}h^{-1}(t_1)}{-\sigma\sqrt{1-\gamma}}\right]$$

$$= \sum_{k_1+\cdots+k_n=l} \binom{l}{k_1, \cdots, k_n} \mathbb{E}\left[L^{l'} \mid Y = h^{-1}(t_1), \eta = \frac{t_2 + \sigma\sqrt{\gamma}h^{-1}(t_1)}{-\sigma\sqrt{1-\gamma}}\right]$$

$$= \sum_{k_1+\cdots+k_n=l} \binom{l}{k_1, \cdots, k_n} \int_{\mathbb{R}} t^{l'} \frac{f_{(L,Y,\eta)}\left(t, h^{-1}(t_1), \frac{t_2+\sigma\sqrt{\gamma}h^{-1}(t_1)}{-\sigma\sqrt{1-\gamma}}\right)}{f_{(Y,\eta)}\left(h^{-1}(t_1), \frac{t_2+\sigma\sqrt{\gamma}h^{-1}(t_1)}{-\sigma\sqrt{1-\gamma}}\right)} \, dt$$

$$\overset{Y \perp \eta}{=} \sum_{k_1+\cdots+k_n=l} \binom{l}{k_1, \cdots, k_n} \int_{\mathbb{R}} t^{l'} \frac{f_{(L,Y)}\left(t, h^{-1}(t_1)\right) f_\eta\left(\frac{t_2+\sigma\sqrt{\gamma}h^{-1}(t_1)}{-\sigma\sqrt{1-\gamma}}\right)}{f_Y\left(h^{-1}(t_1)\right) f_\eta\left(\frac{t_2+\sigma\sqrt{\gamma}h^{-1}(t_1)}{-\sigma\sqrt{1-\gamma}}\right)} \, dt$$

$$= \sum_{k_1+\cdots+k_n=l} \binom{l}{k_1, \cdots, k_n} \int_{\mathbb{R}} t^{l'} \frac{f_{(L,Y)}\left(t, h^{-1}(t_1)\right)}{f_Y\left(h^{-1}(t_1)\right)} \, dt$$

$$= \sum_{k_1+\cdots+k_n=l} \binom{l}{k_1, \cdots, k_n} \mathbb{E}\left[L^{l'} \mid Y = h^{-1}(t_1)\right]$$

$$\overset{(A.25)}{=} \sum_{k_1+\cdots+k_n=l} \binom{l}{k_1, \cdots, k_n} \mathbb{E}\left[\mathbb{E}\left[L_1^{k_1} \times \cdots \times L_n^{k_n} \mid Y\right] \mid Y = h^{-1}(t_1)\right]$$

$$= \sum_{k_1+\cdots+k_n=l} \binom{l}{k_1, \cdots, k_n} \mathbb{E}\left[L_1^{k_1} \times \cdots \times L_n^{k_n} \mid Y = h^{-1}(t_1)\right]$$

$$\overset{Lem.3.1+Satz3.2}{=} \sum_{k_1+\cdots+k_n=l} \binom{l}{k_1, \cdots, k_n} \left(h\left(h^{-1}(t_1)\right)\right)^{l'} = \sum_{k_1+\cdots+k_n=l} \binom{l}{k_1, \cdots, k_n} t_1^{l'}.$$

$$(A.26)$$

Setze b in (A.23) ein, daraus ergibt sich

$$a = \sum_{l=0}^{m} \binom{m}{l} t_1^{m-l} \left(\frac{-1}{n}\right)^l f_{(L,Z)}(t_1,t_2) \sum_{k_1+\cdots+k_n=l} \binom{l}{k_1, \cdots, k_n} t_1^{l'}$$

$$= f_{(L,Z)}(t_1,t_2) \sum_{l=0}^{m} \sum_{k_1+\cdots+k_n=l} \binom{m}{l} \binom{l}{k_1, \cdots, k_n} \left(\frac{-1}{n}\right)^l t_1^{m-l+l'}. \qquad \square$$

$$(A.27)$$

Bemerkung A.1
Für $m = 0$ gilt

$$\sum_{k=0}^{n} f_{n,k}(t_1,t_2) = f_{(L,Z)}(t_1,t_2) \qquad \forall (t_1,t_2) \in \mathbb{R}^2. \qquad (A.28)$$

Lemma A.3
Sei Φ die Verteilungsfunktion der Standardnormalverteilung. Es gilt

$$\int_0^1 \left|\Phi^{-1}(t)\right|^k \, dt < \infty \qquad \forall k \in \mathbb{N}, \qquad (A.29)$$

wobei Φ^{-1} die Umkehrfunktion von Φ bezeichnet.

Beweis *Seien* $\epsilon > 0$ *und* $k \in \mathbb{N}$. *Wegen*

$$\int\limits_{-\epsilon}^{\epsilon} |x|^k \exp\left(-\frac{x^2}{2}\right) \, dx$$

$$= \int\limits_{-\epsilon}^{\epsilon} \left|\Phi^{-1} \circ \Phi(x)\right|^k \sqrt{2\pi}\Phi'(x) \, dx \qquad\qquad\qquad (A.30)$$

$$= \sqrt{2\pi} \int\limits_{\Phi(-\epsilon)}^{\Phi(\epsilon)} \left|\Phi^{-1}(x)\right|^k \, dx \quad \text{(Transformationssatz)},$$

gilt

$$\int\limits_{0}^{1} \left|\Phi^{-1}(t)\right|^k \, dt = \lim_{\epsilon \to \infty} \int\limits_{\Phi(-\epsilon)}^{\Phi(\epsilon)} \left|\Phi^{-1}(t)\right|^k \, dt$$

$$= \lim_{\epsilon \to \infty} \frac{1}{\sqrt{2\pi}} \int\limits_{-\epsilon}^{\epsilon} |t|^k \exp\left(-\frac{t^2}{2}\right) \, dt \qquad\qquad (A.31)$$

$$= \frac{1}{\sqrt{2\pi}} \int\limits_{-\infty}^{\infty} |t|^k \exp\left(-\frac{t^2}{2}\right) \, dt$$

$$\overset{X \sim N(0,1)}{=} \mathbb{E}\left[|X|^k\right] < \infty. \qquad\qquad \square$$

Korollar A.1
Sei h *ein* C^1-*Diffeomorphismus definiert durch*

$$h : \mathbb{R} \to (0,1), \qquad t \mapsto \Phi\left(\frac{D - \sqrt{\rho}t}{\sqrt{1-\rho}}\right),$$

wobei $\rho \in (0,1), D \subset \mathbb{R}$ *und* Φ *die Verteilungsfunktion der Standardnormalverteilung ist. Dann gilt für die Umkehrfunktion* h^{-1} *von* h:

$$\int\limits_{0}^{1} \left|h^{-1}(t)\right|^k \, dt < \infty \qquad \forall k \in \mathbb{N}. \qquad\qquad (A.32)$$

Beweis *Sei* $k \in \mathbb{N}$. *Es gilt*

$$\int\limits_{0}^{1} \left|h^{-1}(t)\right|^k \, dt = \int\limits_{0}^{1} \left|\frac{D - \sqrt{1-\rho}\Phi^{-1}(t)}{\sqrt{\rho}}\right|^k \, dt$$

$$\leq \frac{1}{(\rho)^{\frac{k}{2}}} \sum_{l=0}^{k} \binom{k}{l} |D|^{k-l} (1-\rho)^{\frac{l}{2}} \int\limits_{0}^{1} \left|\Phi^{-1}(t)\right|^l \, dt \qquad (A.33)$$

$$\overset{Lemma\,A.3}{<} \infty. \qquad\qquad \square$$

Lemma A.4

Seien die gleichen Bedingungen wie bei Satz A.5 erfüllt. Sei ferner $t_1 \in (0,1)$, dann besitzt die Funktion

$$G : \mathbb{R} \to \mathbb{R}, \qquad t_2 \mapsto G(t_2) := f_{n,k}(t_1, t_2)$$

ein Maximum in $t_2 = -\sigma\sqrt{\gamma}h^{-1}(t_1)$.

Beweis *Aus Satz (A.5) gilt*

$$G'(t_2) = \frac{\partial f_{n,k}}{\partial t_2}(t_1, t_2) = -\left(\frac{t_2 + \sigma\sqrt{\gamma}h^{-1}(t_1)}{|\sigma|^3 (1-\gamma)^{\frac{3}{2}}}\right) \overbrace{f_{n,k}(t_1, t_2)}^{\geq 0}. \qquad (A.34)$$

Daraus folgt

$$G'(t_2) = \begin{cases} < 0, & \text{falls} \quad t_2 > -\sigma\sqrt{\gamma}h^{-1}(t_1) \\ = 0, & \text{falls} \quad t_2 = -\sigma\sqrt{\gamma}h^{-1}(t_1) \\ > 0, & \text{falls} \quad t_2 < -\sigma\sqrt{\gamma}h^{-1}(t_1) \end{cases}. \qquad (A.35)$$

D.h. G erreicht ihr Maximum in $t_2 = -\sigma\sqrt{\gamma}h^{-1}(t_1)$ $\square$

Lemma A.5

Seien Y, η standardnormalverteilte und stochastisch unabhängige Zufallsvariablen. Seien ferner L und Z Zufallsgrößen, die durch

$$L = \Phi\left(\frac{D - \sqrt{\rho}Y}{\sqrt{1-\rho}}\right) := h(Y),$$
$$Z = -\sigma\left(\sqrt{\gamma}Y + \sqrt{1-\gamma}\eta\right) \qquad (A.36)$$

definiert sind, wobei D, $\sigma \in \mathbb{R}$; γ, $\rho \in (0,1)$ und Φ die Verteilungsfunktion der Standardnormalverteilung ist. Bezeichne $f_{(L,Z)}$ die Dichtefunktion von (L,Z), dann gilt

$$\int_0^1 \left|h^{-1}(t_1)\right|^k t_1^m f_{(L,Z)}\left(t_1, -\sigma\sqrt{\gamma}h^{-1}(t_1)\right) \, dt_1 < \infty \qquad \forall m, k \in \mathbb{N}. \qquad (A.37)$$

Beweis *Seien $k,\ m \in \mathbb{N}$. Es gilt*

$$\int_0^1 \left| h^{-1}(t_1) \right|^k t_1^m f_{(L,Z)} \left(t_1, -\sigma\sqrt{\gamma}\, h^{-1}(t_1) \right) \, dt_1$$

$$\leq \int_0^1 \left| h^{-1}(t_1) \right|^k f_{(L,Z)} \left(t_1, -\sigma\sqrt{\gamma}\, h^{-1}(t_1) \right) \, dt_1$$

$$= \int_0^1 \left| h^{-1}(t_1) \right|^k \left| \frac{(h^{-1})'(t_1)}{\sigma\sqrt{1-\gamma}} \right| f_{(Y,\eta)} \left(h^{-1}(t_1), \frac{-\sigma\sqrt{\gamma}\, h^{-1}(t_1) + \sigma\sqrt{\gamma}\, h^{-1}(t_1)}{-\sigma\sqrt{1-\gamma}} \right) \, dt_1$$

$$\overset{Y \perp \eta}{=} \int_0^1 \left| h^{-1}(t_1) \right|^k \left| \frac{(h^{-1})'(t_1)}{\sigma\sqrt{1-\gamma}} \right| f_Y(h^{-1}(t_1)) f_\eta(0) \, dt_1 \tag{A.38}$$

$$\overset{\eta \sim N(0,1)}{=} \frac{1}{|\sigma|\sqrt{2\pi}\sqrt{1-\gamma}} \int_0^1 \left| h^{-1}(t_1) \right|^k \left| (h^{-1})'(t_1) \right| f_Y(h^{-1}(t_1)) \, dt_1$$

$$= \frac{1}{|\sigma|\sqrt{2\pi}\sqrt{1-\gamma}} \int_{-\infty}^\infty |t_1|^k f_Y(t_1) \, dt_1$$

$$= \frac{1}{|\sigma|\sqrt{2\pi}\sqrt{1-\gamma}} \mathbb{E}\left[|Y|^k \right] \overset{Y \sim N(0,1)}{<} \infty. \qquad \square$$

Satz A.7
Sei Y eine standardnormalverteilte Zufallsvariable. Sei ferner h^* ein C^1–Diffeomorphismus, der durch

$$h^* : \mathbb{R} \to (0,1), \qquad y \mapsto h^*(y) := \Phi\left(\frac{D + \sqrt{\rho}\, y}{\sqrt{1-\rho}} \right)$$

definiert ist, wobei $D > 0$, $\rho \in (0,1)$ und Φ die Verteilungsfunktion der Standardnormalverteilung ist. Setze $L := h(-Y)$ und sei f_L die Dichtfunktion von L, dann gilt

$$f_L \text{ quadratisch integrierbar} \quad \Leftrightarrow \quad \rho \in \left(0, \frac{2}{3} \right). \tag{A.39}$$

Beweis *Seien $x \in \mathbb{R}$ und F_L die Verteilungsfunktion von L. Es gilt*

$$F_L(x) = \mathbb{P}\left(\Phi\left(\frac{D - \sqrt{\rho}\, Y}{\sqrt{1-\rho}} \right) \leq x \right)$$

$$= \mathbb{P}\left(-Y \leq \frac{-D + \sqrt{1-\rho}\, \Phi^{-1}(x)}{\sqrt{\rho}} \right) \tag{A.40}$$

$$\overset{-Y \sim N(0,1)}{=} \Phi\left(\frac{-D + \sqrt{1-\rho}\, \Phi^{-1}(x)}{\sqrt{\rho}} \right).$$

Daraus ergibt sich

$$
\begin{aligned}
f_L(x) &= \frac{\sqrt{1-\rho}}{\sqrt{\rho}} (\Phi^{-1})'(x) \Phi'\left(\frac{-D + \sqrt{1-\rho}\,\Phi^{-1}(x)}{\sqrt{\rho}}\right) \\
&= \frac{\sqrt{1-\rho}}{\sqrt{\rho}} \sqrt{2\pi} \exp\left(\frac{1}{2}\left(\Phi^{-1}(x)\right)^2\right) \frac{1}{\sqrt{2\pi}} \exp\left(-\frac{1}{2}\left(\frac{-D + \sqrt{1-\rho}\,\Phi^{-1}(x)}{\sqrt{\rho}}\right)^2\right).
\end{aligned}
\tag{A.41}
$$

Wegen $(h^*)^{-1}(x) = \frac{-D + \sqrt{1-\rho}\,\Phi^{-1}(x)}{\sqrt{\rho}}, \quad$ folgt

$$
f_L(x) = \frac{\sqrt{1-\rho}}{\sqrt{\rho}} \exp\left(-\frac{1}{2}\left[\left((h^*)^{-1}(x)\right)^2 - \left(\Phi^{-1}(x)\right)^2\right]\right).
\tag{A.42}
$$

Es gilt ferner

$$
\int_0^1 [f_L(t_1)]^2 \; dt_1
$$

$$
= \int_0^1 f_L(t_1) \; dP_L(t_1)
$$

$$
\overset{Substitutionsregel}{=} \int_{(h^*)^{-1}(0)}^{(h^*)^{-1}(1)} f_L \circ h^*(t_1) \; dP_{-Y}(t_1)
$$

$$
\overset{-Y \sim N(0,1)}{=} \frac{1}{\sqrt{2\pi}} \int_{-\infty}^{\infty} f_L\left(h^*(t_1)\right) \exp\left(\frac{-t_1^2}{2}\right) \; dt_1
$$

$$
\overset{(A.42)}{=} \frac{\sqrt{1-\rho}}{\sqrt{2\pi\rho}} \int_{-\infty}^{\infty} \exp\left(-\frac{1}{2}\left[\left((h^*)^{-1}(h^*(t_1))\right)^2 - \left(\Phi^{-1}(h^*(t_1))\right)^2 - t_1^2\right]\right) \; dt_1
$$

$$
= \frac{\sqrt{1-\rho}}{\sqrt{2\pi\rho}} \int_{-\infty}^{\infty} \exp\left(-\frac{1}{2}\left[2t_1^2 - \left(\frac{D + \sqrt{\rho}\,t_1}{\sqrt{1-\rho}}\right)^2\right]\right) \; dt_1
$$

$$
= \frac{\sqrt{1-\rho}}{\sqrt{2\pi\rho}} \int_{-\infty}^{\infty} \exp\left(-\frac{1}{2}\left[\frac{2t_1^2(1-\rho) - \left(D^2 + 2\sqrt{\rho}D t_1 + \rho t_1^2\right)}{1-\rho}\right]\right) \; dt_1
$$

$$
= \frac{\sqrt{1-\rho}}{\sqrt{2\pi\rho}} \exp\left[\frac{D^2}{2(1-\rho)}\right] \int_{-\infty}^{\infty} \exp\left(-\frac{1}{2(1-\rho)}\left[(2-3\rho)t_1^2 - 2\sqrt{\rho}D t_1\right]\right) \; dt_1 \quad (*).
\tag{A.43}
$$

- Falls $\rho = \frac{2}{3}$, gilt wegen $D > 0$:

$$
(*) = \frac{1}{2\sqrt{\pi}} \exp\left(\frac{3D^2}{2}\right) \int_{-\infty}^{\infty} \exp\left(\sqrt{6}D t_1\right) \; dt_1 = \infty.
\tag{A.44}
$$

52

- Falls $\rho \neq \frac{2}{3}$, gilt

$$(*) = \frac{\sqrt{1-\rho}}{\sqrt{2\pi\rho}} \exp\left[\frac{D^2}{2-3\rho}\right] \underbrace{\int_{-\infty}^{\infty} \exp\left(-\left(\frac{2-3\rho}{2(1-\rho)}\right)\left(t_1 - \frac{\sqrt{\rho}D}{2-3\rho}\right)^2\right) dt_1}_{:=b}. \quad (A.45)$$

Und aus

$$b < \infty \quad \Leftrightarrow \quad 2-3\rho > 0 \quad \Leftrightarrow \quad \rho < \frac{2}{3}, \quad (A.46)$$

folgt die Behauptung. □

Satz A.8
Seien alle Voraussetzungen in Satz A.5 erfüllt. Seien ferner $y \in \mathbb{R}$ und $k \in \{0, \cdots, n\}$, dann ist die Funktion

$$s_{k,y} : \mathbb{R} \to \mathbb{R}$$
$$\varepsilon \mapsto s_{k,y}(\varepsilon) := \int_{-\infty}^{\infty} \int_{-\infty}^{y-t_1+\left(t_1-\frac{k}{n}\right)\varepsilon} f_{n,k}(t_1, t_2) \, dt_2 dt_1 \quad (A.47)$$

wohldefiniert und unendlich oft auf $\mathbb{R}$ stetig differenzierbar. Es gilt außerdem

$$\frac{\partial^i s_k}{\partial \varepsilon^i}(\varepsilon) = \int_{-\infty}^{\infty} \left(t_1 - \frac{k}{n}\right)^i \frac{\partial^{i-1} f_{n,k}}{\partial t_2^{i-1}}\left(t_1, y - t_1 + \left(t_1 - \frac{k}{n}\right)\varepsilon\right) dt_1 \quad (A.48)$$

für alle $\varepsilon \in [-a, a]$, $a \in \mathbb{R}_+$ und $i \in \mathbb{N}$.

Beweis

53

- *Für den Nachweis der Wohldefiniertheit, sei $\varepsilon \in \mathbb{R}$. Es gilt*

$$
\begin{aligned}
s_{k,y}(\varepsilon) &= \int\limits_{-\infty}^{\infty} \int\limits_{-\infty}^{y-t_1+\left(t_1-\frac{k}{n}\right)\varepsilon} f_{n,k}(t_1, t_2)\, dt_1 \\
&= \int\limits_{0}^{1} \int\limits_{-\infty}^{y-t_1+\left(t_1-\frac{k}{n}\right)\varepsilon} f_{n,k}(t_1, t_2)\, dt_1 \quad (\text{Wegen (A.7)}) \\
&\leq \int\limits_{0}^{1} \int\limits_{-\infty}^{\left|y-t_1+\left(t_1-\frac{k}{n}\right)\varepsilon\right|} f_{n,k}(t_1, t_2)\, dt_1 \\
&\leq \int\limits_{0}^{1} \int\limits_{-\infty}^{|y|+1+2|\varepsilon|} \sum_{k=0}^{n} f_{n,k}(t_1, t_2)\, dt_1 \quad \left(\text{Wegen}\quad 0 \leq \frac{k}{n},\ t_1 \leq 1\ \text{ und }\ f_{n,k} > 0\right) \\
&= \int\limits_{0}^{1} \int\limits_{-\infty}^{|y|+1+2|\varepsilon|} f_{(L,Z)}(t_1, t_2)\, dt_1 \quad (\text{nach Bemerkung A.1}) \\
&= f_Z\left(|y| + 1 + 2|\varepsilon|\right) < \infty.
\end{aligned}
$$

$$(A.49)$$

- *Für den Nachweis der Differenzierbarkeit, sei $a \in \mathbb{R}_+$. Wir betrachten die Funktion $s_{k,y}^*$, die durch*

$$
\begin{aligned}
s_{k,y}^* &: [-a, a] \times \mathbb{R} \to \mathbb{R} \\
(\varepsilon, t_1) &\mapsto s_{k,y}^*(\varepsilon, t_1) := \int\limits_{-\infty}^{y-t_1+\left(t_1-\frac{k}{n}\right)\varepsilon} f_{n,k}(t_1, t_2)\, dt_2
\end{aligned}
$$

$$(A.50)$$

gegeben wird.

Aus Satz A.5 wissen wir bereits, dass $f_{n,k}$ unendlich oft partiell nach der zweiten Variable auf $\mathbb{R}$ stetig differenzierbar ist. Daraus ergibt sich, dass $s_{k,y}^*$ auch partiell nach ε auf $[-a, a]$ unendlich oft stetig differenzierbar ist. *(I)*
Betrachte nun $(\varepsilon, t_1) \in [-a, a] \times \mathbb{R}$ und setze $a_{k,y}(\varepsilon, t_1) := y - t_1 + \left(t_1 - \frac{k}{n}\right)\varepsilon$. Es gelten außerdem

$$
\begin{aligned}
\frac{\partial s_{k,y}^*}{\partial \varepsilon}(\varepsilon, t_1) &= \frac{\partial a_{k,y}}{\partial \varepsilon}(\varepsilon, t_1) f_{n,k}(t_1, a_{k,y}(\varepsilon, t_1)) \ (\text{Nach Hauptsatz der Differentialrechnung}) \\
&= \left(t_1 - \frac{k}{n}\right) f_{n,k}(t_1, a_{k,y}(\varepsilon, t_1))
\end{aligned}
$$

$$(A.51)$$

und

$$\frac{\partial^2 s_{k,y}^*}{\partial \varepsilon^2}(\varepsilon, t_1)$$
$$= \left(t_1 - \frac{k}{n}\right) \frac{\partial}{\partial \varepsilon}\left(f_{n,k}(t_1, a_{k,y}(\varepsilon, t_1))\right)$$
$$= \left(t_1 - \frac{k}{n}\right) \frac{\partial a_{k,y}}{\partial \varepsilon}(\varepsilon, t_1) \frac{\partial f_{n,k}}{\partial t_2}(t_1, a_{k,y}(\varepsilon, t_1))$$
$$= \left(t_1 - \frac{k}{n}\right)^2 \frac{\partial f_{n,k}}{\partial t_2}(t_1, a_{k,y}(\varepsilon, t_1)). \tag{A.52}$$

Ferner erhält man leicht per Induktion

$$\frac{\partial^i s_k^*}{\partial \varepsilon^i}(\varepsilon, t_1) = \left(t_1 - \frac{k}{n}\right)^i \frac{\partial^{i-1} f_{n,k}}{\partial t_2^{i-1}}(t_1, a_{k,y}(\varepsilon, t_1)) \qquad \forall i \in \mathbb{N}. \tag{A.53}$$

Dabei gilt

$$\frac{\partial^{i-1} f_{n,k}}{\partial t_2^{i-1}}(t_1, a_{k,y}(\varepsilon, t_1))$$
$$:= \begin{cases} M_{i-1,k}(a_{k,y}(\varepsilon, t_1), h^{-1}(t_1)) f_{n,k}(t_1, a_{k,y}(\varepsilon, t_1)), & \text{falls } (\varepsilon, t_1) \in [-a, a] \times (0, 1) \\ 0, & \text{sonst}, \end{cases} \tag{A.54}$$

wobei $M_{i-1,k}(t_1, t_2)$ ein Polynom vom höchsten Grad $i-1$ ist, das sich dann durch

$$M_{i-1,k}(t_1, t_2) := \sum_{\substack{j,m=0 \\ j+m \leq i-1}} a_{jm} t_1^j t_2^m, \quad \text{mit } a_{jm} \in \mathbb{R}$$

schreiben lässt. Es gilt ferner

$$\left|\frac{\partial^i s_{k,y}^*}{\partial \varepsilon^i}(\varepsilon, t_1)\right|$$

$$= \begin{cases} \overbrace{\left|t_1 - \frac{k}{n}\right|^i}^{<2^i} M(i, k, y, \varepsilon, t_1) f_{n,k}(t_1, a_{k,y}(\varepsilon, t_1)) & \text{, falls } (\varepsilon, t_1) \in [-a, a] \times (0, 1) \\ 0 & \text{, sonst} \end{cases}$$

$$< \begin{cases} 2^i M(i, k, y, \varepsilon, t_1) f_{n,k}(t_1, a_{k,y}(\varepsilon, t_1)) & \text{, falls } (\varepsilon, t_1) \in [-a, a] \times (0, 1) \\ 0 & \text{, sonst} \end{cases}$$

$$\overset{Lemma\,A.4}{\leq} \begin{cases} 2^i M(i, k, y, \varepsilon, t_1) f_{n,k}(t_1, -\sigma\sqrt{\gamma} h^{-1}(t_1)) & \text{, falls } (\varepsilon, t_1) \in [-a, a] \times (0, 1) \\ 0 & \text{, sonst}. \end{cases} \quad (*)$$
$$\tag{A.55}$$

Dabei ist

$$M(i, k, y, \varepsilon, t_1) := \left|M_{i-1,k}\left(a_{k,y}(\varepsilon, t_1), h^{-1}(t_1)\right)\right|.$$

Wegen

$$|a_{k,y}(\varepsilon, t_1)| = \left| y - t_1 + \left(t_1 - \frac{k}{n} \right) \varepsilon \right|$$

$$< |y| + 1 + 2a \qquad \left(\text{Wegen } 0 \le \frac{k}{n}, \ t_1 \le 1 \ \text{und} \ |\varepsilon| \le a \right),$$

folgt

$$(*) \le \begin{cases} 2^i M^*_{i-1,k}(t_1) \underbrace{f_{n,k}(t_1, -\sigma\sqrt{\gamma}h^{-1}(t_1))}_{\ge 0} & , \text{ falls } t_1 \in (0,1) \\ 0 & , \text{ sonst} \end{cases}$$

$$\le \begin{cases} 2^i M^*_{i-1,k}(t_1) \sum_{k=0}^{n} f_{n,k}(t_1, -\sigma\sqrt{\gamma}h^{-1}(t_1)) & , \text{ falls } t_1 \in (0,1) \\ 0 & , \text{ sonst} \end{cases} \qquad \text{(A.56)}$$

$$=: N_i(t_1) \qquad (\text{Wegen Bemerkung A.1}),$$

wobei

$$M^*_{i-1,k}(t_1) := \sum_{\substack{j,m=0 \\ j+m \le i-1}} |a_{jm}| (|y| + 1 + 2a)^j \left| h^{-1}(t_1) \right|^m.$$

Wegen $(L, Z) = \varphi(Y, \eta)$, *wobei* $(Y, \eta) \sim N_2(0, I_2)$ *und* φ *ein* C^1-*Diffeomorphismus ist, das durch*

$$\varphi: \mathbb{R}^2 \to (0,1) \times \mathbb{R}, \quad (x, y) \mapsto (h(x), g(x, y))$$

definiert wird, folgt nach der Dichtetransformationsformel

$$f_{(L,Z)}(t_1, -\sigma\sqrt{\gamma}h^{-1}(t_1))$$

$$= \left| \frac{(h^{-1})'(t_1)}{\sigma\sqrt{1-\gamma}} \right| f_{(Y,\eta)}(h^{-1}(t_1), 0)$$

$$\overset{Y \perp \eta}{=} \frac{f_\eta(0)}{|\sigma|\sqrt{1-\gamma}} \left| (h^{-1})'(t_1) \right| f_Y(h^{-1}(t_1))$$

$$\overset{\eta \sim N(0,1)}{=} \frac{1}{|\sigma|\sqrt{2\pi(1-\gamma)}} f_L(t_1) \quad (\text{Dichtetransformationsformel}) \qquad \forall t_1 \in (0,1).$$

$$\text{(A.57)}$$

Daraus ergibt sich

$$\int_{-\infty}^{\infty} N_i(t_1)\, dt_1 = \int_0^1 N_i(t_1)\, dt_1 = \frac{2^i}{|\sigma|\sqrt{2\pi(1-\gamma)}} \int_0^1 M^*_{i-1,k}(t_1) f_L(t_1)\, dt_1. \qquad \text{(A.58)}$$

Nach Korollar A.1 und Satz A.7 sind f_L *und* $M^*_{i-1,k}$, $i \in \mathbb{N}$ *auf* $(0,1)$ *quadratisch integrierbar. Nach der Cauchy-Schwarz-Ungleichung folgt dann*

$$\int_0^1 N_i(t_1)\, dt_1 \le \sqrt{\int_0^1 \left(M^*_{i-1,k}(t_1) \right)^2 dt_1 \int_0^1 (f_L(t_1))^2\, dt_1} < \infty, \quad \forall i \in \mathbb{N}. \qquad \text{(A.59)}$$

Aus (A.49), (I), (A.59) und nach Korollar 16.3 in [4] folgt leicht per Induktion

$$\frac{\partial^i s_{k,y}}{\partial \varepsilon^i}(\varepsilon) = \int\limits_{-\infty}^{\infty} \left(t_1 - \frac{k}{n}\right)^i \frac{\partial^{i-1} f_{n,k}}{\partial t_2^{i-1}}(t_1, a_{k,y}(\varepsilon, t_1)) \, dt_1 \qquad (A.60)$$

für alle $\varepsilon \in [-a, a]$, $a \in \mathbb{R}_+$ und $i \in \mathbb{N}$. $\qquad\qquad \square$

Literaturverzeichnis

[1] P.Albrecht, Kreditrisiken- Modellierung und Management: Ein Überblick, German Risk and Insurance Review 1.Jahrgang S.22-152, 2005.

[2] P.Albrecht, Marktrisikomodelle Und Value at Risk, Spezialwissen Finanzmathematik beim DAA-Seminar, 2007.

[3] Amtsblatt der Europäischen Union(Veröffentlichungsbedürftige Rechtsakte, die Anwendung des EG-Vertrags/Euratom-Vertrags erlassen wurde), RICHTLINIEN: Richtlinie 2009/138/EG Des Europäischen Parlaments Und Des Rates Vom 25. November 2009 betreffend die Aufnahme und Ausübung der Versicherungs- und der Rückversicherungstätigkeit (Solvabilität II) (Neufassung) (Text von Bedeutung für den EWR), 2009.

[4] H.Bauer, Maß- und Integrationstheorie, Walter de Gruyter, Berlin New York, 1990.

[5] H.Bauer, Wahrscheinlichkeitstheorie, Walter de Gruyter, Berlin New York, 1991, 4.Auflage.

[6] K.Böcker, M.Hillebrand, Interaction of Market and Credit Risk: An Analysis of Inter-Risk Correlation and Risk Aggregation, The Journal of Risk 11 (4) 3-29, 2009.

[7] M.Gordy, A Risk-Factor Model Foundation for Ratings-Based Bank Capital Rules, Journal of Financial Intermediation 12 (3): 199-232, 2003.

[8] M.Gordy, E.Lütkebohmert, Granularity Adjustment for Basel II, Discussion Paper Series 2 Banking and Financial Studies 2007-02-09, Deutsche Bundesbank, 2007.

[9] A.Klenke, Wahrscheinlichkeitstheorie, Springer, Berlin Heidelberg, 2008, 2., korrigierte Auflage.

[10] E.Lütkebohmert, Concentration Risk in Credit Portfolios, Springer, Berlin Heidelberg, 2009.

[11] M.R.W.Martin, S.Reitz, C.S. Wehn, Kreditderivate und Kreditrisikomodelle: Eine mathematische Einführung, Vieweg, Deutschland, 2006.

[12] A.McNeil, R.Frey, P.Embrechts, Quantitative Risk Management: Concepts, Techniques and Tools, Princeton Series in Finance, Princeton University Press, 2005.

[13] R.Merton, On the Pricing of Corporate Dept:The Risk Structure of Interest Rates, Journal of Finance 29 (2): 449-470, 1974.

[14] K.D.Schmidt, Maß und Wahrscheinlichkeit, Springer, Berlin Heidelberg, 2009.

[15] A. W.van der Vaart, J.A.Wellner, Weak Convergence and Empirical Processes With Applications to Statistics, Springer Series in Statistics, Springer, New York, 1996.

[16] H.Witting, U.Müller-Funk, Mathematische Statistik II, B.G.Teubner, Stuttgart, 1995.